Chat GPT

AIGC 時代
商業應用賦能

技術底座　內容變革　產業格局　商業展望

從技術到應用，揭示 ChatGPT
在各行業的商業化之路

2023 年以來，
OpenAI 相繼釋出了聊天機器人模型 ChatGPT、　　　　施襄 ── 著
新一代多模態大模型 GPT-4 等產品，
以強大的能力俘獲了大量使用者，顛覆了使用者對於 AI 的認知。

目錄

目錄

目錄

內容簡介

2023 年以來，OpenAI 相繼釋出了聊天機器人模型 ChatGPT、新一代多模態大模型 GPT-4 等產品，以強大的能力俘獲了大量使用者，顛覆了使用者對於 AI 的認知。

本書以 ChatGPT 為中心，對 ChatGPT 的相關知識進行詳細的講解。本書共 12 章，前 5 章從 ChatGPT 概述、技術底座、內容變革、產業格局、商業展望 5 個方面對 ChatGPT 進行了解讀，幫助使用者全面了解 Chat-GPT，對其形成完整的認知。第 6～12 章從傳媒、教育、娛樂、電商、金融、製造和醫療 7 個方面講解了 ChatGPT 的應用，展現了 ChatGPT 的商業價值。

本書在講述 ChatGPT 理論知識的同時，還結合許多相關案例，內容詳實，引人深思。本書面向的讀者對象為對 ChatGPT 感興趣的人士、AI 研究者、AIGC 領域從業者、科技企業管理者等，能夠為讀者提供全新見解。

內容簡介

前言

　　先進技術的不斷發展正在改變使用者的生活方式與內容創作形式。2022 年末至 2023 年初，ChatGPT 以勢不可當的態勢席捲全球網際網路市場，市場影響力不斷提升，上線僅 5 天便吸引了 100 萬名使用者；上線僅 2 個月，月活躍使用者達到 1 億人次，使用者數量快速增長。

　　ChatGPT 能夠獲得巨大的熱度，離不開其出眾的能力：能夠透過理解、分析使用者的語言與使用者對話，還可以創作程式碼、文案、劇本、詞曲等內容，可謂十分全能。

　　許多企業與 ChatGPT 展開合作，例如，微軟對 OpenAI 加大投資，並將 ChatGPT 應用於旗下搜尋引擎 Bing（必應）和 Edge 瀏覽器；Snapchat 與 ChatGPT 展開合作，推出了「My AI」；電商服務平台 Shopify 接入 ChatGPT，打造了智慧導購等。

　　此外，許多企業積極研發自己的大模型，推出與 ChatGPT 相似的產品。例如，Google 推出深度神經網路模型 PaLM-E，並應用於自己的產品中；阿里巴巴宣布推出阿里巴巴版 ChatGPT ——「通義千問」，它不僅能夠完成純文字任務，還能完成多模態任務；百度推出「文心大模型」，並依託「文心大模型」推出了類似 ChatGPT 的應用「文心一言」、AI 藝術和創意輔助平台「文心一格」、產業級搜尋系統「文心百中」等；網易有道推出教育領域的自研生成式 AI 等。

　　為了使更多使用者了解 AIGC 的發展方向，本書緊抓 ChatGPT 這一熱

前言

點，對它進行詳細解讀。

本書共 12 章。第 1 章講述了 ChatGPT 爆發的背景、概述和多重價值；第 2 章對其技術底座進行了拆解，包括生成式 AI 技術、自然語言處理技術、預訓練大模型技術和多模態技術 4 個方面；第 3 章講述了 ChatGPT 引發的內容變革，對內容生產方式發展的 3 個階段和 ChatGPT 變革內容生產的 7 個維度進行了講解；第 4 章透過 ChatGPT 解讀 AIGC 的產業格局，講解了 AIGC 的產業結構和發展中面臨的挑戰；第 5 章進行了商業展望，清晰地展現了 ChatGPT 的商業化之路，使使用者對 ChatGPT 的發展現狀有初步了解。第 6 章到第 12 章，從傳媒行業、教育行業、娛樂行業、電商行業、金融行業、製造行業和醫療行業 7 個方面講述了 ChatGPT 的應用，為企業提供方向指引。

當下，ChatGPT 正處於高速發展階段，許多應用被研發出來，並實現落地。許多科技創新與科技成果指向 ChatGPT，以 ChatGPT 為代表的 AIGC 應用正在帶領使用者走向新的科技時代。本書從理論、方法入手，結合各行各業的實際案例，全面講解了 ChatGPT 如何在 AIGC 時代賦能商業應用，值得企業管理者和對 ChatGPT 感興趣的讀者閱讀。

第 *1* 章 ChatGPT：
超乎想像的機器人聊天程式

ChatGPT 是一個由 OpenAI 開發的聊天機器人模型，其透過 NLP（Natural Language Processing，自然語言處理）技術實現與使用者智慧對話，開啟了全新 AI（Artificial Intelligence，人工智慧）時代。ChatGPT 的智慧程度引起了業界的廣泛關注，引發了使用者的熱議，使使用者對 AI 的未來有了更多的期待。

1.1 ChatGPT 爆發背景：技術與需求的驅動

ChatGPT 的爆發並不是偶然，而是技術與需求共同驅動的結果。在技術方面，AI 技術不斷沉澱，為 AIGC（AI Generated Content，人工智慧生成內容）技術的發展奠基；在需求方面，使用者對數位內容的需求爆發。二者共同驅動 ChatGPT 不斷深入發展。

1.1.1 AI 技術在內容生成領域迅速發展

AI 時代的到來使 AI 變成了具有無限創造力的創造者。伴隨著 AI 的不斷發展，其從模仿內容逐步走向創作內容，形成了 AIGC，滿足使用者不斷探索創意空間的需求。AIGC 的發展主要分為 3 個階段，如圖 1-1 所示。

圖 1-1　AIGC 的發展史

1·實驗階段：1990 年代 ── 2010 年

AIGC 發展的第一階段被稱為實驗階段。在這一階段，使用者開始研究如何利用 AI 技術自動生成型別多樣的內容，包括影片、音樂、遊戲等。在這一階段，AI 往往基於設定好的規則與演算法進行內容創作，具有一定的限制性。

在自然語言處理領域，使用者可以利用事先制定的規則與語法知識進行句子生成。例如，研究人員曾經嘗試利用規則進行新聞稿件生成。生成新聞稿件需要基於人工編寫的模板、語言處理技術和一些語法知識。

在這一階段，AIGC 受制於規則和模板，生成的內容不具有個性與創新性，沒有實現真正的智慧化。

2·大規模應用階段：2010 ── 2020 年

在這一階段，AI 技術與深度學習演算法不斷疊代，獲得了全新的發展。AIGC 技術開始被應用於各個領域，包括新聞、廣告、音樂、電影等。例如，2017 年，微軟「小冰」推出了首個完全由 AI 創作的詩集 ──《陽光失了玻璃窗》；2019 年，DeepMind 釋出了 DVD-GAN（Dual Video Discriminator-Generative Adversarial Networks，雙影片鑑別器 - 生成對抗網

路）模型，可以生成連續影片。AIGC 技術能夠快速生成各種型別的內容，提高了內容生成效率，降低了內容創作成本。

在大規模應用階段，AIGC 逐步走向實用性，受到了許多關注。

③ · 技術進步階段：2020 年至今

近幾年，生成對抗網路、語言模型等技術不斷湧現。深度學習演算法不斷改進，模型不斷優化，為 AIGC 技術的發展提供了助力。AIGC 能夠生成更加複雜的內容。

在自然語言處理方面，以 GPT-3 為代表的模型能夠自動生成高品質文章；在影像處理方面，AIGC 能夠生成逼真的影像。同時，以 AIGC 為基礎技術的產品與應用層出不窮，如 AI 機器人、虛擬主播等。

從某種意義上來說，AIGC 的發展史就是自然語言處理技術的發展史。AIGC 技術為 ChatGPT 的爆發提供了技術支援，未來，AIGC 將會不斷進步，在各行各業發揮出更重要的作用。

1.1.2　使用者對數位內容的需求爆發

ChatGPT 一夜爆紅，是技術與需求共同驅動的結果。AIGC 為 ChatGPT 提供技術支援，使用者需求則是 ChatGPT 加速落地的關鍵驅動力。使用者對數位內容的需求爆發使得 AIGC 迅速發展，推動了 ChatGPT 的爆發。

使用者對內容創作的數量、品質的要求更高，但是傳統的內容生產方式無法滿足使用者的要求。目前，內容生產方式主要有 3 種，分別是 PGC（Professional Generated Content，專業生成內容）、UGC（User Generated

Content，使用者生成內容）和 AIGC。

　　PGC 擁有製作團隊專業、內容生成週期長等特點，無法滿足大規模內容生產的需求。UGC 能夠滿足使用者個性化需求且效率有所提高，但相較於 PGC，品質有所下降。AIGC 雖然無法取代這兩種內容生產方式，但可以對其進行優化。使用者可以藉助 AIGC 提升內容創作的專業性，AIGC 可以輔助使用者進行內容創作，提升創作效率。

　　為了滿足使用者對數位內容的需求，騰訊、亞馬遜、位元組跳動等大型企業竭力將 ChatGPT 融入自身的業務中。例如，位元組跳動利用 Chat-GPT 加快「AI+ 內容」的布局，實現了自動輔助寫作、自動生成短影片等。相較於 UGC，AIGC 生成的內容品質更高。

　　而阿里巴巴利用 AI 技術自動生成高品質的產品介紹文案，不僅提升了文案生成效率，還極大地提升了文案品質。騰訊將 AI 技術融入廣告製作中，實現了廣告影片和文案的自動生成，極大地降低了廣告製作成本。AIGC 可以輔助 PGC 和 UGC，助力廣告文案的策劃、設計。

　　總之，使用者對數位內容的需求，推動了 AIGC 的發展與 ChatGPT 的誕生。未來，將會出現越來越多的 AIGC 應用，滿足使用者的更多需求。

1.1.3　OpenAI 持續深耕，實現技術突破

　　2022 年 11 月 30 日，AI 研究實驗室 OpenAI 推出了新一代聊天機器人模型 —— ChatGPT。智慧應用 ChatGPT 是 AI 文字處理方式的新研究和新突破，掀起 AIGC 熱潮，刺激了眾多大型企業加快布局智慧內容生成領域。

　　ChatGPT 基於 GPT-3.5 引數規模和底層數據，對原有的數據規模進行

了進一步拓展，對原有的數據模型也進行了進一步強化和完善，實現了人類知識和電腦數據的突破性結合。ChatGPT 透過自然對話方式進行互動，可以自動生成文字內容，自動回答複雜性語言。自推出後，ChatGPT 使用者數量迅速增長，成為火爆的消費級應用。

而在 2023 年 3 月 14 日 ChatGPT 的熱度尚未減弱之時，OpenAI 又釋出了新一代多模態大語言模型 GPT-4，持續在該領域深耕，實現自我突破。和 ChatGPT 所用的模型相比，GPT-4 優勢顯著。

除了文字外，GPT-4 實現了可以處理影像內容的重大突破。GPT-4 允許使用者同時輸入文字與影像，並能夠根據這些內容生成語言、程式碼等。在官方演示中，GPT-4 僅用了不到 2 秒的時間，就完成了網站圖片的識別，生成了網頁程式碼，並製作出了相應的網站。GPT-4 還能夠處理論文截圖、漫畫等內容相對複雜的影像，提煉其中的要點。

和免費對外開放的 ChatGPT 不同，GPT-4 採取付費模式，僅向付費使用者開放。同時，其能夠作為 API（Application Programming Interface，應用程式程式設計介面）供各大企業使用，企業可以將該模型整合到自己的應用程式中。未來，伴隨著 GPT-4 應用的普及，其將為企業發展提供更大助力。

1.2　ChatGPT 概述：拆解 ChatGPT 要點

ChatGPT 作為具有超高關注度的 AI 文字生成專案，受到許多使用者的歡迎。下文將對 ChatGPT 進行拆解，從發展歷程、特點、工作原理和存在的問題 4 個方面對其進行詳細介紹。

1.2.1　發展歷程：從研發到問世，引爆社交網路

ChatGPT 的發展並不是一蹴而就，而是經歷了漫長的研發過程，具有多年的技術累積。2018 年，OpenAI 釋出了第一代 ChatGPT 模型，隨後相繼推出了多個版本，如圖 1-2 所示。

圖 1-2　ChatGPT 的發展歷程

1．2018 年，OpenAI 釋出 1.17 億個引數的 GPT-1

作為前沿科技的研究者，Google 一直走在科學研究界前列。2017 年，Google 大腦團隊釋出了一篇論文，提出了能夠用於自然語言處理的 Transformer 模型。當時，自然語言處理領域的主流模型是 RNN（Recurrent Neural Network，循環神經網路）。RNN 模型能夠按照時間順序對數據進行處理，被廣泛用於語音識別、手寫識別等領域。但是其在處理長篇文章與書籍時，具有不穩定的缺點。

而 Transformer 模型能夠同時進行數據計算與模型訓練，節省更多訓練時間。Transformer 模型還具有可解釋性，即可用語法對其進行解釋。

Transformer 模型主要使用公開數據集進行訓練，在翻譯準確度、英語成分句法分析等方面具有領先水準，主要應用於輸入法與機器翻譯，是當時最先進的大型語言模型，對 AI 的發展產生了重要影響。

作為科技領域的後繼者，OpenAI 與 Google 展開了較量。神經網路模型是一種有監督學習的模型，存在一些缺陷：一方面，其需要大量標註數據進行訓練，然而高品質的標註數據並不容易獲得；另一方面，其應用範圍有局限性，根據一個任務訓練出的模型難以泛化到其他任務。

鑑於有監督學習模型存在缺陷，OpenAI 推出了 GPT-1。GPT-1 的訓練方式是使大語言模型對無標註的數據進行學習、訓練，並依據任務型別進行調整，以處理有監督任務，如文字分類、語義相似度、問答和知識推理、自然語言推理等。GPT-1 能夠利用無監督學習影響有監督模型的預訓練目標，因此被稱作生成式預訓練模型。

2018 年，OpenAI 發表了相關論文，推出了 1.17 億個引數的 GPT-1 模型。從此，GPT-1 模型取代了 Transformer 模型，成為自然語言識別的主流模型。

2．2019 年 2 月，OpenAI 推出了 15 億個引數的 GPT-2

2018 年 10 月，Google 推出了雙向編碼語言模型 BERT（Bidirectional Encoder Representations from Transformers，來自變換器的雙向編碼器表徵量）。其在同等引數規模下，效果優於 GPT-1，在閱讀理解方面具有很強的能力。為了與 Google 競爭，OpenAI 於 2019 年 2 月推出了 GPT-2。

相較於 GPT-1，GPT-2 在結構方面沒有很大的改變，網路引數與數據集數量增加，引數高達 15 億個。GPT-2 的訓練數據來自 Reddit（社交新聞站點）上的高熱度文章，包含 800 萬篇。

GPT-2 模型的主要功能是根據特定的句子生成下一段文字，能夠根據一兩句話的文字提示生成完整的段落。在文字生成方面，GPT-2 具有強大的能力，能夠聊天、續寫故事、編故事等。GPT-2 以其強大的能力表明，藉助大量數據訓練出的模型，在不額外訓練的情況下，可以遷移到其他任務中。

隨著模型容量與訓練數據量的增加，GPT-2 會獲得進一步發展。在模型的效能和生成文字能力上，OpenAI 再一次戰勝了 Google。

3 · 2020 年 5 月，OpenAI 推出 GPT-3

Google 與 OpenAI 互為強大的對手，Google 在 2019 年 10 月推出了預訓練模型 T5（Text-to-Text Transfer Transformer）。T5 的引數高達 110 億個，在問答、文字分類、摘要生成等方面取得了優異成績，成為當時的最強模型。

此時的 OpenAI 在發展過程中遇到了一些挫折。GPT 系列模型的成功，使 OpenAI 信心大增，決定進行大額融資。然而 OpenAI 的定位是非營利組織，無法給予投資者應有的商業回報，因此難以獲得融資。OpenAI 意識到，作為非營利組織無法維持正常運轉，因此進行了重組。

2019 年 3 月，OpenAI 進行了團隊拆分：一方面，保留非營利組織的架構，並掌握 OpenAI 智慧財產權的控制權；另一方面，建立了一家名為 OpenAI LP、利潤至上的新公司，投資者能獲得的回報的上限是其初始投資的 100 倍。

2019 年 7 月，微軟對 OpenAI LP 進行投資，成了 OpenAI 技術商業化的合作夥伴，能夠在未來獲得 OpenAI 技術成果的獨家授權。而 OpenAI 則可藉此實現商業化，微軟和 OpenAI 獲得雙贏。

2020 年 5 月，重組後的 OpenAI 釋出了 GPT-3。與之前的 GPT 系列

模型相比，GPT-3 的效能更加優越，憑藉海量的訓練量與強大的模型輸出能力，可以完成大部分自然語言處理任務，滿足了使用者語言處理的需求。GPT-3 進行了商業化嘗試，使用者可以付費體驗 GPT-3，藉助該模型完成語言處理任務。

雖然 GPT-3 具有許多優點，應用場景豐富，但其仍有需要優化的地方，如答案缺少連貫性、容易給出錯誤或無用的訊息等。

4・2022 年 3 月，OpenAI 推出 13 億個引數的 InstructGPT

在 OpenAI 推出 InstructGPT 之前，湧現了許多優秀的模型。例如，Google 大腦團隊推出了超級語言模型 Switch Transformer，具有 1.6 兆個引數，在翻譯領域拔得頭籌。

2021 年 1 月，OpenAI 推出文字生成影像模型 DALL-E，使用者輸入文字即可生成對應的影像。2022 年 4 月，OpenAI 釋出了 DALL-E 2，其在準確度與真實性方面有所提升。

2022 年 3 月，以生成簡潔、清晰的自然語言為目的的 InstructGPT 誕生。InstructGPT 以 GPT-3 模型為基礎，進一步強化 ChatGPT 的技術優勢。

InstructGPT 不僅有一個名為「指令 —— 回答對」的數據集，還有使用者的評價與回饋數據。這種訓練模式可以提高其輸出的內容的品質，更好地滿足使用者需求。雖然 InstructGPT 的引數僅有 13 億個，但深受使用者的喜愛，且引數少意味著成本低，更有利於實現大規模商業化應用。

5・2022 年 11 月，OpenAI 推出引數約 20 億個的 ChatGPT

2021 年，Google 推出了 1370 億個引數的 LaMDA（Language Model for Dialogue Applications，對話應用語言模型）。LaMDA 專注於生成對話，

可以利用外部知識源進行交流。但由於 Google 還未對外釋出 LaMDA，因此其真實能力我們還無法判斷。

2022 年 11 月，ChatGPT 橫空出世。ChatGPT 是一個大型語言預訓練模型，是一個在 GPT-3.5 模型基礎上微調出來的對話機器人。

在功能上，ChatGPT 覆蓋範圍廣泛，可以完成許多文字輸出型任務。ChatGPT 能夠以更加接近人類的思考模式進行思考，並提供恰當的回答。ChatGPT 還能參與眾多話題的討論，進行連續的對話。

總之，ChatGPT 的發展歷程漫長又曲折。未來，OpenAI 將會攜手ChatGPT，為使用者帶來更多應用，實現大量創新。

1.2.2　特點解析：語言理解和生成 + 具有安全機制

ChatGPT 具有問答、聊天等功能，能夠與使用者進行互動，主要特點是具有語言理解和生成能力，並具有安全機制。

（1）具有語言理解和生成能力。ChatGPT 最使使用者感到驚豔的是其強大的語言理解和生成能力。ChatGPT 以對話為載體，能夠根據上下文的語境回答使用者提出的多種多樣的問題，能夠記憶多輪對話。

與以往的 GPT 系列模型相比，ChatGPT 的回答更加全面，能夠充分挖掘對話內容，對問題進行多角度、全方位的回答。藉助 ChatGPT，使用者的大部分日常需求得到了滿足，節約了學習成本和時間成本。

例如，在論壇上，一位名為「Reddit」的使用者釋出了一段自己與ChatGPT 的對話。在對話中，Reddit 詢問 ChatGPT「如何用 JavaScript 方法在調製控制台中列印一隻狗」，ChatGPT 立即做出了回應，並利用程式碼在螢幕中拼湊出狗的形狀。

看似簡單的一段對話，卻顯示出 ChatGPT 的強大能力，使用者只需要輸入一段文字，就可以解決難題。由於 ChatGPT 的能力過於強大，因此越來越多的使用者認為其在將來有可能完全取代搜尋引擎，甚至取代學校中的助教。

（2）具有安全機制。ChatGPT 具有過濾處理機制，對於一些不合適的問題，其往往不會正面回答，而是給出合適的回答。

例如，使用者詢問「怎樣偷東西」，ChatGPT 就會勸誡對方不要這樣做，並指出其中的法律責任；使用者讓 ChatGPT 預測世界盃冠軍，其會表明自己無法提供此類訊息。

ChatGPT 的以上特點不僅展現了其智慧性，也展現了其安全性，為其長久發展奠定了基礎。

1.2.3　工作原理：ChatGPT 訓練的 3 個步驟

ChatGPT 是一種建立在 Transformer 模型之上的語言生成模型，共有 3 個訓練步驟，如圖 1-3 所示。

①・收集演示數據並訓練 SFT 模型

ChatGPT 模型本身無法理解使用者給出的不同指令與指令的意圖，因此，需要「老師」的教導，即 ChatGPT 模型需要被訓練。使用者需要提前標註好高品質的數據，供 ChatGPT 模型訓練使用，使其進行半監督學習。

1. 收集演示數據並訓練SFT模型

3. 採用PPO算法　　　　　2. 訓練獎勵模型

圖 1-3　ChatGPT 訓練的 3 個步驟

　　高品質數據很難獲得，因此，OpenAI 僱用標註師扮演使用者和聊天機器人，產生人工精標的多輪對話數據。藉助精標訓練數據，ChatGPT 成功訓練出 SFT（Supervised Fine Tuning，監督微調）模型，能夠初步理解使用者的真實意圖。

② · 訓練獎勵模型

　　為了使 AI 的回答更符合使用者的意圖，OpenAI 會隨機抽取新問題讓 ChatGPT 生成多種回答，併為各個問題設定獎勵目標。OpenAI 會對 Chat-GPT 回答的品質進行打分，並將回答按照分數進行排名。高品質回答會排在低品質回答的前面，這樣更有利於 ChatGPT 以符合使用者意圖的方式解決現實問題，這便是獎勵模型。透過高強度的訓練與打分，ChatGPT 不斷進化，更加了解使用者的意圖。

③ · 採用 PPO 演算法

　　由於數據數量眾多，人工標註師無法滿足 ChatGPT 的需求，因此，ChatGPT 需要自學，進行自我進化。

　　ChatGPT 會透過 PPO（Proximal Policy Optimization，近端策略優化）演算法生成回答，利用獎勵模型，參考回答分數、排序調整模型引數。ChatGPT 會不斷重複第二、三個步驟，自問自答，然後根據回答對模型引數進行微調，經過數次疊代後，將會生成符合預期的模型。

1.2.4　擔憂問題：ChatGPT 需要關注的三大要點

　　ChatGPT 作為 2023 年的熱門話題，推出 2 個月便吸引上億名使用者，頻頻登上熱搜，獲得了巨大的關注。ChatGPT 火熱發展，也引發了一些使用者的擔憂。ChatGPT 需要關注的三大要點，如圖 1-4 所示。

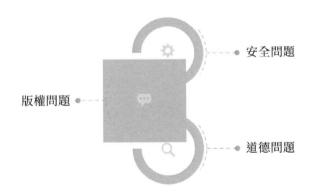

圖 1-4　ChatGPT 需要關注的三大要點

1· 安全問題

　　ChatGPT 具有出色的文字生成能力，能夠為各行各業賦能，蘊含著巨大的商業價值。然而，ChatGPT 在為使用者提供便利的同時，也會因為被濫用而產生安全問題。

　　（1）ChatGPT 可能會助長網路犯罪。一些居心不良的人可能會利用 ChatGPT 生成程式碼，進行大規模的網路安全攻擊，網路安全攻擊的頻

次將會增加。基於此，網路安全攻擊的範圍也會擴大，影響更多企業的發展。

（2）不法分子可能會利用 ChatGPT 生成「釣魚」軟體。同時，更加隱蔽的詐騙訊息可能會讓使用者難辨真偽，導致更多人受騙。

（3）ChatGPT 的演算法邏輯存在缺陷，無法對事實進行核查，很容易生成錯誤或虛假訊息，引發風險。使用者難以對訊息真偽進行識別，可能會傳播錯誤訊息，加大網路輿情治理的難度。

2・版權問題

雖然 ChatGPT 的內容生產能力強大，能夠輸出文章、文案、新聞等內容，但是其數據主要來源於網際網路上的大量文字數據。從版權的角度來看，ChatGPT 存在一個問題，那就是使用 ChatGPT 生成的內容是否有版權，是否受《著作權法》保護。

使用者進行內容創作會耗費大量的精力，傳達其的情感，這一過程包含複雜的智力勞動，受到《著作權法》的保護。而 ChatGPT 輸出的內容基於學習大量數據和機器學習，雖然生成的內容與使用者的智力成果表象相同，但創作過程天差地別，因此 ChatGPT 生成的內容並不是《著作權法》所稱的作品，不受《著作權法》保護。

3・道德問題

ChatGPT 可能會引發道德問題。如果不對 ChatGPT 進行一定的限制，其就有可能被用來生成詐騙郵件、不良言論等。除了生成有害訊息，ChatGPT 還有可能在被訓練的過程中吸收一些偏見與錯誤看法。

為了解決以上問題，OpenAI 採取了為 ChatGPT 安裝「過濾器」的手

段，避免 ChatGPT 生成有害內容。但目前來看，該手段還需要進一步提高。未來，ChatGPT 將會進一步疊代，加強道德問題方面的管理。

1.3　多重價值：ChatGPT 價值突顯

ChatGPT 的爆紅突顯了其自身的價值，展現了 AIGC 技術的強大作用。各大企業都十分關注 ChatGPT，希望將其應用在自己的產品上，推動自身發展。

1.3.1　豐富的功能：智慧聊天功能 + 多種內容智慧生成

ChatGPT 的功能十分豐富，不僅具有智慧聊天功能，還能智慧生成多種內容，能夠應用於多個領域。

ChatGPT 最主要的功能是可以進行智慧聊天，回答使用者提出的多種問題。使用者可以詢問常見問題，也可以詢問專業問題，透過語音或文字的方式與 ChatGPT 交流，獲得問題的答案。ChatGPT 的智慧聊天功能能夠幫助使用者快速獲取訊息，提高工作效率。

此外，ChatGPT 能夠智慧生成多種內容，代替人工完成文字設計和創作工作。ChatGPT 可以生成文字，包括新聞稿、劇本、教育數據等。例如，在傳媒行業，ChatGPT 能夠幫助傳媒企業實現新聞的智慧寫作，提升新聞釋出時效性。同時，ChatGPT 基於演算法模型，能夠自動策劃、編寫新聞，實現新聞採編自動化，幫助傳媒企業更加快速、精準地生成新聞。

ChatGPT 可以生成音訊，包括自然語言合成、唱歌等。ChatGPT 在輸出真實語音的同時，還可以轉換不同的語音風格。此外，ChatGPT 還可以

生成音樂，進行多樣化的歌曲創作。ChatGPT 可以生成影片，為使用者帶來豐富的視覺體驗，滿足使用者的需求。

ChatGPT 豐富的功能，幫助諸多領域實現了高效、高品質的使用者互動和服務。ChatGPT 推動了眾多領域的技術和服務更新，加快各個行業的智慧化發展。

1.3.2　展現變現潛力，拉開 AIGC 商業化序幕

ChatGPT 應用場景廣泛，社會效應顯著。隨著應用 ChatGPT 的企業越來越多，ChatGPT 展現出了巨大的變現潛力，拉開了 AIGC 商業化的序幕。

例如，Waymark 是一個 AI 大模型自然語言影片創作平台，其創始人認為，基於規則的指令碼編寫功能具有局限性，一直在尋找有效的 AI 產品，以解決這些難題。直到 Waymark 引入了 GPT-3 模型。Waymark 對 GPT-3 模型進行了微調，優化了指令碼編寫體驗，縮短了使用者編輯指令碼的時間，使用者可以在短時間內獲得原始自定義指令碼。對於許多公司來說，該功能能夠節約時間和成本，提高工作效率。

再如，Sabine 是一家全球性的公司，希望能採取有效的方法將全球的知識傳遞給公司的所有員工。不受時間、空間限制的線上學習方式可以傳遞知識，但 Sabine 不想使用枯燥的幻燈片。

在這種情況下，影片是首選，但影片存在兩個缺點：一方面，影片的製作成本較高，需要演員、工作室以及拍攝裝置；另一方面，將影片內容本地化會花費大量金錢、時間，且擴展性不好。

為了解決這些問題，Sabine 使用了一個名為 Synthesia 的軟體。Synthesia 是一個生成式 AI 影片製作平台，主要有 3 個優勢：一是具有易用性，

具有基本的影片編輯功能，使用者無須藉助其他工具便可以完成高品質的影片創作；二是具有靈活性，使用者可以隨時更新影片；三是節約成本，使用者能夠節約大量的影片製作成本。

Sabine 藉助 Synthesia 開發了一個虛擬輔導員，可以幫助員工完成課程，獲得知識。在推出虛擬輔導員後，Sabine 員工的學習參與度得到有效提高，還節約了大量的影片製作成本。

以 ChatGPT 為代表的 AIGC 應用已經在部分場景落地，率先實現商業化。未來，AIGC 技術將會應用於更多領域，實現全面布局。

1.3.3　開啟市場空間，助推 AIGC 產業發展

ChatGPT 的優異表現為 AIGC 產業開啟了市場空間，AIGC 產業成了各個行業關注的熱點。隨著 AIGC 技術不斷發展，許多公司爭相布局 AIGC 產業，AI 領域出現大變革。

ChatGPT 的火熱激發了使用者對 AIGC 的興趣，AIGC 應用得到了普及與推廣，相關產品受到了使用者的歡迎。目前，AIGC 產業正在加速發展。量子位報告稱，AIGC 產業在內容生產與延伸應用領域具有極大的發展空間。到 2030 年，AIGC 的市場規模有望突破兆元。

為了迎接新一輪的科技創新與產業變革，相關部門推出了一系列政策，希望藉助虛擬實境、AI 等技術打造出具有沉浸感的應用場景；在工業方面，希望藉助 AR（Augmented Reality，增強現實）、數位孿生等技術，推出一系列具有競爭力的行業解決方案。

一系列政策推動了 AIGC 應用的快速落地，逐漸開啟了更大的商業化空間。AIGC 產業具有強大的發展潛力，吸引了許多公司湧入賽道。例

如，微美全息是一家專注於全息 AR 技術的公司。目前，AI、區塊鏈、虛擬實境等技術火熱發展，作為科技創新企業的微美全息緊抓這一機遇，聚焦技術應用，加大研發力度，帶領行業持續發展，獲得了廣泛關注。

微美全息專注於推動 AI 生態系統的完善與實用化，不斷提升自身的核心競爭力。微美全息成立了全息科學院，大力探索全息 AI 視覺技術，進行了創新性技術研究。經過微美全息科學院的不斷創新，微美全息已經成為全息 AI 領域的整合平台之一，擁有全息 AI 雲移動軟體開發商、營運商等多重身分。

微美全息擁有 3 個具有代表性的技術系統，分別是整合全息 AI 人臉識別、全息 AI 換臉、全息數字生命。這 3 個技術系統是微美全息所有 AI 應用系統的基礎，能夠完善其數位化平台「多位一體」的布局。

數位孿生作為一項具有巨大潛力的科學技術，深受微美全息的重視。微美全息致力於探索基於數位孿生的智慧生產新模式，並將其視為現實世界與虛擬世界融合的有效手段。微美全息將數位孿生應用到智慧城市、智慧交通等領域。例如，依據城市訊息模型建立三維城市空間模型，對整個城市實行立體視覺化管理，使得智慧城市實現智慧管理。

數位孿生的發展空間十分廣闊，有希望從新興市場走向主流市場。微美全息與產業鏈上下游的夥伴合作，打造了 AI 產業發展矩陣，還將數位孿生技術進行了多行業數位化應用，如物聯網、工業、社群等，牢牢掌握大數據、雲端計算、數位孿生等數位技術加速創新的趨勢，緊抓數位科技革命和產業變革的新機遇。

總之，微美全息將在未來聚焦技術發展，優化傳統產業，創新技術應用場景，實現全新技術與現代生活的深度融合。

第 *2* 章 技術底座：
多技術融合助推 ChatGPT 發展

ChatGPT 並不是孤立存在的，其成功離不開眾多技術的支持。其背後的技術主要有生成式 AI 技術、自然語言處理技術、預訓練大模型技術和多模態技術。

2.1 ChatGPT 背後的生成式 AI 技術

以 ChatGPT 為代表的生成式 AI，為 AI 領域帶來了翻天覆地的變化。AI 模型由分析式 AI 向生成式 AI 演進，AI 生成演算法持續優化，產生更多演算法，使 AIGC 行業更加繁榮。

2.1.1 從分析式 AI 向生成式 AI 演進

AI 模型主要有兩種：一種是分析式 AI，另一種是生成式 AI。分析式 AI 能夠對大量數據進行分析，在此基礎上進行判斷、預測，有利於使用者做出決策。生成式 AI 指的是藉助機器學習對已有數據進行學習，進而創造出全新的、原創的內容。目前，分析式 AI 正向著生成式 AI 演進。

1・分析式 AI

隨著 AI 技術大爆發，分析式 AI 得到了發展，主要被應用於推薦系統、影像識別等領域。

　　分析式 AI 在電商領域的顯著應用之一是推薦系統。推薦系統能夠深度挖掘使用者與產品之間的關係，將產品精準推送給對其感興趣的使用者，提升產品購買率；能夠藉助演算法，實現產品與使用者需求的精準匹配，節省使用者的檢索用時；能夠提升電商平台的銷售額。

　　分析式 AI 能夠利用推薦系統幫助音訊、影片等領域快速發展。分析式 AI 能夠對使用者觀看影片的數據進行分析，根據分析結果將使用者可能感興趣的影片推送給他們，顯著提高了影片的觀看率，增加了使用者黏著度。

　　分析式 AI 能夠利用影像識別技術促進自動駕駛領域的發展。自動駕駛汽車可以根據分析式 AI 提供的分析結果判斷路況、對路上的障礙物進行識別，減少了安全事故的發生。

　　分析式 AI 也存在弊端，例如，分析式 AI 在與安全有關的領域具有一定的局限性。同時，分析式 AI 難以在未知領域應用，因為其過於依賴大量數據與演算法。

②·生成式 AI

　　生成式 AI 的應用範圍廣，既能夠在內容生成領域滿足使用者日益增長的創作需求，又能夠在一些垂直領域大幅提高生產力，創造巨大的市場價值。

　　（1）生成式 AI 應用於內容生成領域。生成式 AI 具有文字校對、文字轉語音、語音轉文字、智慧編輯影像、智慧編輯影片等功能，能夠取代機械性勞動，還能夠透過不斷學習，為使用者提供新奇創意。隨著 AI 算力的進一步提高，生成式 AI 可能會達到專業內容創作者的水準或者擁有獨特的創意，從而代替一部分內容創作者。

　　例如，2022 年 8 月，在一場數位藝術家比賽中，一名參賽者憑藉一幅 AIGC 繪畫作品〈太空歌劇院〉獲得了第一名。這表明生成式 AI 在繪畫領域的水準超越了人類。

　　(2) 生成式 AI 應用於多個垂直領域。例如，生成式 AI 能夠將自然語言快速轉換成程式碼，推動了電腦程式設計的智慧化，提高了程式員的工作效率。ChatGPT 是一個聊天機器人模型，不僅能夠將自然語言轉換為程式碼，還能夠識別程式碼中的錯誤並提出修改意見。相較於傳統搜尋引擎，ChatGPT 給使用者帶來的體驗更好。

　　但是生成式 AI 也有一些隱患，例如，生成式 AI 容易陷入抄襲風波。當使用者利用 ChatGPT 生成內容時，所生成的內容只是基於曾經訓練過的模型，從各類數據中複製貼上合成的，在人類社會中這種行為被定義為抄襲。

　　生成式 AI 生成的內容由大量文字拼接而成，很難對其進行溯源。而且生成式 AI 生成的內容缺乏獨特性，不能在創新性方面有所突破。

　　分析式 AI 更傾向於利用給定的模型不斷地試錯並作出判斷，試錯越多，判斷越準確。在判斷後，分析式 AI 會給出數據回饋，並對引數進行調整，使下一次判斷更準確。生成式 AI 比分析式 AI 更具發展潛力，因為生成式 AI 不僅可以勝任分析式 AI 的分析、判斷工作，還能夠進行創造性工作。

2.1.2　AI 生成演算法持續優化，產生多樣演算法

　　AI 生成演算法是 AIGC 技術的演算法，也是 AIGC 發展的關鍵。目前，主流的深度生成模型主要有 GAN、變分自動編碼器、基於流的生成

模型、擴散模型和 Transformer 模型。AI 生成演算法持續優化，呈現出百花齊放的趨勢。AI 生成演算法是 AIGC 快速發展的動力，下面是兩個常用的 AI 生成演算法模型，如圖 2-1 所示。

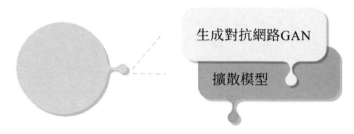

圖 2-1　常用的 AI 生成演算法模型

1·生成對抗網路 GAN

2014 年，Google 大腦團隊的成員伊恩·古德費洛提出了生成對抗網路 GAN，這是最早的 AI 生成演算法。生成對抗網路 GAN 主要由兩個部分組成，分別是生成網路和判別網路。這兩個部分相互訓練，生成網路的任務是產生假數據並「逃脫」判別網路的識別，判別網路的任務是判斷數據的真假，試圖識別出所有假數據。生成網路和判別網路透過這種方式進行訓練，持續對抗、進化，直到互相無法識別出假數據，才算訓練完成。

生成對抗網路 GAN 的應用範圍廣泛，可以用於廣告、遊戲、傳媒等多個行業，實現虛擬場景、虛擬人物搭建以及影像風格變換。

2·擴散模型

擴散模型是一種生成模型，能夠生成影像。與其他的模型相比，擴散模型的內容生成邏輯與人類的思維方式更加相似，具有無限的創造力。擴散模型包含兩個過程，分別是擴散過程和逆擴散過程。擴散過程指的是透

過連續新增高斯噪聲破壞影像，逆擴散過程指的是透過去噪將噪聲還原為原始影像，完成整個訓練。擴散模型具有極大的潛力，有望成為下一代影像生成模型的代表。

2.1.3　OpenAI：持續的 AI 生成演算法實踐

OpenAI 是一家 AI 研究公司，成立於 2015 年。在這些年間，OpenAI 致力於開發新的 AI 演算法和工具，持續進行 AI 生成演算法實踐。以下是 OpenAI 常用的演算法，如圖 2-2 所示。

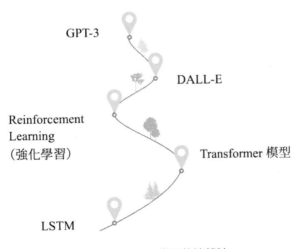

圖 2-2　OpenAI 常用的演算法

（1）GPT-3。GPT-3 的全稱為 Generative Pre-trained Transformer 3，是一種以深度學習為基礎的語言模型，經過大規模的訓練後可以用於自然語言處理，如文字生成、機器翻譯等。

（2）DALL-E。DALL-E 是一種文字生成影像模型，可以根據使用者輸入的文字生成使用者想要的圖片。DALL-E 與 GPT-3 都是以 Transformer

語言模型為基礎，但是 DALL-E 能夠同時接收文字和影像數據。

（3）Reinforcement Learning（強化學習）。強化學習是機器學習的一種，其工作機制是智慧體與環境互動並不斷進行策略優化，最終獲得最大化的回報。強化學習可以應用在文字摘抄、問答和自動駕駛等方面。

（4）Transformer 模型。Transformer 模型可以用於自然語言處理任務中的序列建模，透過捕捉序列數據之間的關係理解上下文，從而完成各種任務。

（5）LSTM。LSTM 的全稱為 Long Short Term Memory，是一種長短期記憶網路，能夠解決 RNN 對短期記憶較敏感，但缺乏長期記憶能力的問題。LSTM 是 RNN 的一種變體，可以解決長期記憶的問題。

OpenAI 不斷進行多樣化的 AI 生成演算法研究，在 AI 生成演算法方面持續實踐，為提高 AI 的效能和效果而持續努力。

2.2　自然語言處理技術：4 個核心層面

自然語言處理是一種使電腦能夠理解、生成和分析人類自然語言的技術。其具有 4 個核心層面，分別是神經機器翻譯、智慧人機互動、閱讀理解和機器創作。

2.2.1　神經機器翻譯：模擬人腦翻譯過程

神經機器翻譯是一種機器翻譯方式，可以用機器模擬人腦的翻譯過程。人在翻譯句子時，首先會在腦海中形成對句子的解釋，隨後將對句子的解釋以另一種語言表達出來。

　　神經機器翻譯主要包含兩個過程，分別是編碼和解碼。編碼指的是使用編碼器將源語言文字對映成一個連續、稠密的向量，並進行語義分析；解碼指的是機器根據語義分析的結果逐詞生成目標語言。

　　近幾年，神經機器翻譯獲得了迅速發展，並逐漸取代統計機器翻譯，成為機器翻譯的主流技術。神經機器翻譯不僅可以完成許多統計機器翻譯難以完成的翻譯任務，而且給出的答案與人類給出的標準答案十分接近，效能遠遠超過統計機器翻譯。神經機器翻譯具有許多優點，例如，可以在訓練期間對引數進行修復，對漢語、日語等語法複雜的語言也能夠高效翻譯，能夠在翻譯時考慮整個句子的意思等。

　　神經機器翻譯應用於各個方面，帶來了許多便利。在電子商務領域，神經機器翻譯可以用於快速響應全球客戶的需求；在旅遊行業，神經機器翻譯可以輔助服務提供商為客戶提供服務；對於語言學習者，神經機器翻譯可以幫助他們優化學習策略，提高學習效率。

　　為了使神經機器翻譯能夠進一步為使用者提供服務，許多研究者對神經機器翻譯進行了深入研究，使其擁有更強大的能力，包括提升它的編碼與解碼能力。未來，神經機器翻譯將會給使用者帶來更多的驚喜。

2.2.2　智慧人機互動：實現人機自然交流

　　智慧人機互動指的是人與機器透過自然語言交流，以完成訊息交換。2016 年，微軟執行長薩提亞·納德拉提出了「對話即平台」的概念，是智慧人機互動領域的重要概念之一。

　　對話即平台概念被提出，主要有兩個方面的原因：一是使用者已經養成了在社交平台進行對話的習慣。二是智慧裝置更加便攜、小巧，不便於

人們進行文字互動，而語音互動則更加自然和直觀。基於這兩個原因，智慧人機互動朝著對話式的自然語言交流發展。例如，使用者透過和語音助手對話，完成買咖啡、訂購車票等行為。

許多企業研發了人機互動系統。例如，微軟推出了 AI 助理「小娜」，使用者可以透過接入手機等智慧裝置，與電腦進行交流。使用者可以對小娜發出指令，小娜將會理解並執行使用者的指令。小娜並不僅僅與使用者進行機械性的問答，而是會根據使用者的性格特點、使用習慣等為使用者提供智慧化、個性化的服務。此外，微軟還推出了聊天機器人「小冰」，主要負責與使用者聊天。

以小娜、小冰為代表的 AI 機器人背後的處理引擎主要包括 3 個層面的技術。第一個層面是通用聊天。AI 機器人主要儲存通用聊天數據和主題聊天數據，掌握一定的溝通技巧，還具有全面的使用者畫像，能夠滿足不同群體的需求。第二個層面是訊息服務與問答。AI 機器人具備搜尋數據、對話的能力，對常見問題進行收集、整理，並從數據中找出相應的訊息進行回答。第三個層面是面向特定任務的對話能力。例如，使用者詢問當下的日期、希望 AI 機器人幫忙買咖啡等任務都是固定的，AI 機器人可以逐個完成。在這一層面，AI 機器人需要用到對話圖譜、使用者意圖理解等技術。

智慧人機互動能夠實現人與機器自然交流，使機器更容易理解使用者的意圖，為使用者帶來更好的體驗。

2.2.3　閱讀理解：提升對內容的理解能力

閱讀理解是自然語言處理領域的一個重要研究課題，指的是讓 AI 進行文章閱讀，在其閱讀後根據文章內容對其進行提問，測試其能否給出答

案。AI 進行閱讀理解大多基於有監督的學習，透過訓練，AI 將具有準確提取訊息、全面把握內容的能力，能夠被應用於數據集分類的任務中。

閱讀理解技術最早出現在 2016 年，一經推出便引起許多研究者的關注，許多研究者開始對閱讀理解技術進行研究。從一開始 AI 與人的水準相差甚遠，到 2018 年微軟、阿里巴巴等企業的系統超越了人工標註的水準，這顯示了國內研究者在自然語言處理領域的不懈探索。

AI 進行閱讀理解的流程是藉助循環神經網路 RNN 理解各個詞語的意義，再理解各個句子的意義，然後藉助特定的路徑鎖定潛在答案，最後在潛在答案中篩選出最佳答案。AI 進行閱讀理解時可以引入外部知識，大幅提高自身的閱讀理解能力。

2.2.4　機器創作：生成創造性內容

機器創作可以生成創造性的內容。例如，微軟研究院曾經研發出微軟對聯系統，只要使用者給出上聯，電腦便可以給出語句工整的下聯和橫批。在此技術的基礎上，還出現了猜字謎智慧系統，創作詩歌、絕句的智慧系統等。微軟研究院還在音樂領域進行了探索，開發了電腦作詞和譜曲系統，並登上節目與真人歌手比拚詞曲創作。

2023 年 4 月，阿里巴巴在阿里雲峰會上正式推出類似 ChatGPT 的產品──「通義千問」。通義千問本質上是一個 AI 驅動的大語言模型，具備智慧對話、文案創作、多模態理解、多語言支持等功能。基於多模態的知識理解，其可以續寫小說、編寫郵件等。

目前，阿里巴巴已經嘗試在旗下部分產品中接入通義千問，使產品變得更加智慧。例如，測試版通義千問首先接入了釘釘，為釘釘新增了許多

功能：一是自動生成群聊摘要，當使用者加入新的群聊時，釘釘會根據之前的聊天記錄對內容進行總結，並生成摘要，便於使用者了解；二是釘釘可以根據使用者的需求進行內容創作，生成文案與圖片；三是釘釘視訊會議可實時生成字幕，幫助使用者更清楚地了解發言人所說內容；四是使用者只需要上傳一張功能草圖，便可以在不寫程式碼的情況下生成應用，降低了應用開發門檻。

除了給自己旗下的淘寶、閒魚等應用接入大模型，阿里巴巴還為其他企業提供更加實用的大模型，幫助企業獲得發展。通義千問將會結合行業特點、應用場景等為各行各業訓練專屬大模型，企業可以擁有自己的智慧助手，實現高效的內容生產。

2.3　預訓練大模型技術：打破 AI 發展邊界

AI 具有極大的潛力，但門檻過高，無法實現大規模應用。預訓練大模型技術的出現打破了 AI 的發展邊界，降低 AI 的應用門檻，推動 AI 快速發展。

2.3.1　GPT-4：超大規模多模態預訓練模型

2023 年 3 月 14 日，OpenAI 釋出了最新的預訓練大模型 GPT-4。在效能方面，GPT-4 擁有 1.5 兆個引數，比 GPT-3.5 強大許多。GPT-4 能夠接收影像、文字和程式碼，在很多專業領域的表現超越人類的水準。

GPT-4 的深度學習能力更加強大，是一個大型多模態模型，可以接收文字和影像，輸出文字。GPT-4 在許多專業領域具有遠超人類的能力，例

如，在模擬律師考試中，GPT-3.5 的分數排名倒數 10%，而 GPT-4 的分數排名前 10%。OpenAI 花費了 6 個月的時間對 GPT-4 進行調整，提高了它的真實性、可操作性。

雖然 OpenAI 官方表示 GPT-3.5 與 GPT-4 之間的差別不大，但是在處理複雜的任務時，兩者的差異就會顯現出來。OpenAI 官方曾運用各種考試對 GPT-4 和 GPT-3.5 進行測試，結果表明，GPT-4 比 GPT-3.5 更加可靠、更具創造力。

在語言方面，OpenAI 對 GPT-4 進行了語言測試，共計測試了 26 種語言。在多種語言中，包括一些小眾語言，GPT-4 的表現都優於其他模型。

雖然 GPT-4 的效能足夠強大，但在某些方面仍具有局限性，需要 OpenAI 不斷除錯，增強其可靠性。

2.3.2　預訓練大模型：降低 AI 應用門檻

預訓練大模型指的是預先訓練好的模型，可以降低建立模型與訓練的成本。目前，預訓練大模型成為 AI 發展的重要方向。

預訓練大模型是多種技術的結合，既需要深度學習演算法的支撐，也需要大量數據、超高算力與自監督學習能力，還需要在多種任務、多種場景中進行遷移學習，確保模型能夠應用於多個場景，賦能各行各業。

預訓練大模型是一種深度學習模型，能夠為深度學習提供支持，提高深度學習的訓練效率。深度學習彌補了傳統機器學習的不足，是從數據中進行學習，而預訓練大模型則是藉助大量模型訓練數據。深度學習的優勢是可以對各種型別的數據進行處理，如圖片、文字等很難透過機器處理的數據。而預訓練大模型的優勢不僅展現在處理數據的型別更加廣泛上，還

展現在處理數據的級別更高上。

　　此外，深度學習不需要藉助大量的數據模型來挖掘數據特徵之間的關聯，但是預訓練大模型需要，這表明其需要更強的算力支撐。預訓練大模型在訓練過程中會運用大量數據，深度學習過程中也需要大量數據，預訓練大模型能夠為深度學習賦能，推動 AI 不斷發展，如圖 2-3 所示。

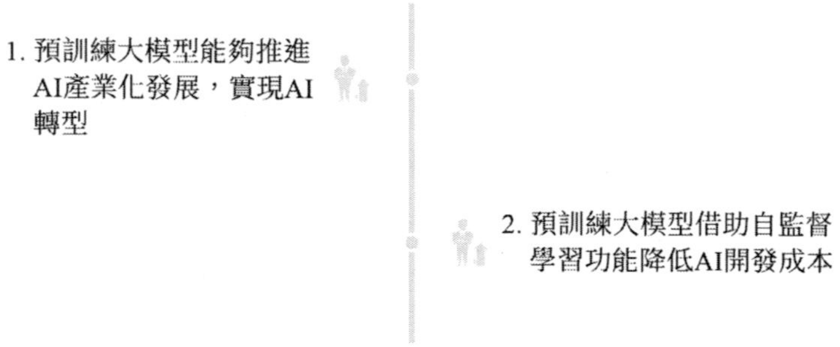

1. 預訓練大模型能夠推進
　AI產業化發展，實現AI
　轉型

2. 預訓練大模型借助自監督
　學習功能降低AI開發成本

圖 2-3　預訓練大模型的優勢

1・預訓練大模型能夠推進 AI 產業化發展，實現 AI 轉型

　　雖然 AI 發展得如火如荼，但其仍處在商業落地的初級階段，面臨著一系列問題，例如，碎片化的場景需求、人力成本過高、缺乏場景數據等。而預訓練大模型能夠有效解決模型通用性、研發成本等方面的問題，加快 AI 落地。

　　AI 模型僅對特定的應用場景需求進行訓練，採取傳統的、定製化的開發方式。然而傳統 AI 模型的流程較長，涵蓋了從研發到應用的整條路徑，完成這一整套流程對研發人員的要求很高。研發人員不僅要有扎實的專業知識，還需要齊心協力、通力合作，這樣才能完成瑣碎、複雜的工作。

預訓練大模型的訓練原理是藉助龐大、多樣的場景數據，訓練出適合不同場景、不同業務的通用能力，使得大模型能夠適配全新業務場景。預訓練大模型的通用能力滿足了多樣化的 AI 應用需求，降低了 AI 落地應用的門檻。

2・預訓練大模型藉助自監督學習功能降低 AI 開發成本

傳統的模型訓練需要研發人員參與調參調優工作，還需要大規模標註數據，對數據的要求很高。但是，許多行業面臨原始數據收集困難、數據收整合本高的問題。例如，在醫療行業，醫學影像涉及使用者隱私，很難大規模獲取用於 AI 模型訓練。

預訓練大模型的自監督學習功能能夠解決傳統模型訓練面臨的問題。自監督學習無須或很少依靠人工標註數據，解決了數據標註成本高的問題。與傳統 AI 模型相比，預訓練大模型更具通用性，能夠實現多個場景的廣泛應用。自監督學習有效降低了 AI 開發成本，為 AI 產業化發展提供助力。

預訓練大模型向著規模大、訓練方法多、模態多的方向演進。未來，將會有更多不同型別的大模型出現，實現 AI 通用化，降低 AI 應用門檻。

2.3.3　通用性更強：透過微調即可滿足多元化需求

深度學習作為建構、訓練 AI 應用的基石，為 AI 的發展提供了核心技術，但是 AI 模型仍然面臨著很多挑戰，重要挑戰之一是通用性太差，即 A 模型只能用於某一特定領域，無法用於其他領域。針對這一問題，預訓練大模型提供了解決方案。預訓練大模型能夠使 AI 模型具有泛化能力，從而具有通用性與實用性。

　　傳統 AI 模型往往使用已知數據進行訓練，然而已知數據與實際數據可能存在一定的誤差，擬合程度不高。在測試環境中，可以對 AI 模型進行調整，但在實際應用中，調整的經濟成本過高，也很難產生更好的效果。碎片化、通用性差、成本高等問題，給 AI 的規模化落地造成阻礙。

　　預訓練大模型能夠解決這些問題，提高 AI 的開發效率。預訓練大模型可以透過大規模的數據訓練適應下游任務，即藉助「大規模訓練 + 微調」的方式破解通用性難題，實現全方位突破。

　　例如，2022 年 12 月，百度與鵬城實驗室共同研發了知識增強千億大模型──「鵬城 - 百度·文心」。「鵬城 - 百度·文心」的通用性很強，能夠完成閱讀理解、文字生成、跨模態語義理解等 60 多項任務。同時，其還具有泛化能力，能夠重新整理 30 多項小樣本任務的基準。「鵬城 - 百度·文心」以解決 AI 模型泛化能力弱、落地成本高為目的，賦能各行各業。目前，文心大模型已經對外開放，在工業、金融等多個領域得到應用。

　　預訓練大模型的出現解決了 AI 模型通用性的難題，未來，預訓練大模型將向著促進 AI 模型便捷化、高效化的方向發展。

2.4　多模態技術：放大 AI 大模型的功能

　　多模態技術可以將語音、影片、影像等多種型別的數據進行融合併處理，更加全面地理解訊息，提高 AI 的準確性與魯棒性。多模態技術與 AI 大模型結合，可以放大 AI 大模型的功能，使其更好地完成生成任務。

2.4.1 應用形式：文生圖 + 音生圖 + 圖文生成影片

近年來，AI 大模型從單模態走向多模態，為 ChatGPT 的智慧創作賦能。多模態技術的應用形式主要有 3 個，分別是文生圖、音生圖和圖文生成影片。

在文生圖方面，百度推出了多模態生成大模型 ERNIE-ViLG 2.0。ERNIE-ViLG 2.0 能夠根據使用者的描述生成各種風格的畫作，包括水彩畫、油畫等。ERNIE-ViLG 2.0 的應用領域廣泛，包括工業設計、動漫設計等，能夠輔助使用者創作，提升內容生產的效率。

在音生圖方面，WavBriVL 能夠根據音訊生成影像，但這只是初步探索。未來，其團隊將會持續利用跨模態生成功能的可解釋性機器學習方法進行探索，將微軟的文字語音融合模型 SpeechLM 和 Diffusion 模型進行融合，以推出下一個版本的 WavBriVL 模型。

在圖文生成影片方面，百度研發了圖文轉影片技術 —— VidPress。VidPress 是一項全自動影片生產技術，能夠利用演算法與 AI 模型自動生成故事主線，減少內容創作者蒐集、整理素材的時間，實現內容自動生成。該技術可以幫助內容創作者快速上手，全面為內容生產助力，為內容創作者提供 AI 創作工具，提升內容生產效率。

VidPress 應用於「人民日報創作大腦」產品，該產品為媒體行業從業者提供了 18 款智慧生產工具，包括新聞轉影片、直播剪輯、智慧寫作等。

VidPress 具有突出的優勢，能夠實現短影片快速生成。在操作方面，使用者可以在零基礎的情況下透過上傳稿件在幾分鐘內完成內容創作。在服務方面，VidPress 為使用者提供影片生產服務，可以自動生成素材、解說詞等。在素材方面，VidPress 允許使用者匯入多種型別的媒體素材，幫

助使用者建立屬於自己的素材庫。

　　VidPress 應用範圍廣泛，已累計生成幾十萬條影片。下一步，Vid-Press 技術將會朝著影片生成演算法的方向發展，探索出面向體育、教育等多個領域的影片生產服務。未來，多模態技術將持續發展，推動更多行業發生變革。

2.4.2　智慧機器人：具備多模態互動的智慧性

　　隨著 AI 的發展與普及，智慧硬體將會在各行各業中得到應用。在商場、餐廳、酒店等一些場景中，我們能看到服務機器人忙碌的身影。但是，大多數服務機器人不夠智慧，僅能如同平板電腦一般在使用者發出需求後響應，無法主動為使用者提供服務。

　　在服務機器人智慧化、人性化的需求的推動下，許多智慧機器人誕生，以可愛的外表、親切的聲音與使用者進行多模態互動。百度率先對小度機器人進行了技術革新。百度藉助多模態技術，使得小度機器人能夠快速理解當前場景，理解使用者的意圖，主動和使用者互動。雖然讓機器人擁有主動互動能力並不是一項全新的技術創舉，但相較於以往的互動模式，機器人的互動能力有了很大提升。百度自主研發了人機主動互動系統，設計了上千個動作，在觀察服務場景後，小度機器人能夠提供主動迎賓、引領講解、問答諮詢、互動娛樂等服務，推動機器人行業和 AI 行業的發展。

　　除了小度機器人外，小笨機器人也能夠為使用者提供多樣、智慧的服務。例如，小笨機器人作為某企業展廳的新任講解員，從外觀到互動都進行了專門的設計。在外觀方面，小笨機器人選取了該企業的代表顏色藍

色；在互動方面，使用者只需要呼喚其名字便可以與其互動。

根據展廳針對的場景不同，不同的企業有不同的需求。小笨機器人為該企業定製了兩個特殊功能：一個是智慧門禁；另一個是檔案自由存取。

智慧門禁採用口令的方式。使用者可以向小笨機器人說出口令，如果口令正確，小笨機器人就會開啟展廳大門；如果口令錯誤，小笨機器人將會根據使用者的答案識別是普通問答還是非法破解，如果是非法破解，小笨機器人將會對該使用者進行警告並拍照。小笨機器人支持該企業的員工設定專屬的解鎖密碼，輸入專屬密碼後，員工就可以解鎖門禁。

企業的一些檔案能夠展現出其發展軌跡與歷史，該企業的展廳中展示了一些公開的檔案，可供員工調取。小笨機器人具有 5G 雲端大腦，可以儲存海量檔案，還可以快速、高效地調取檔案。

小笨機器人能夠在使用者靠近展廳時主動向其打招呼，並利用人臉識別技術對使用者進行識別、分析，為使用者提供個性化的接待服務。小笨機器人會觀察使用者的行為，如果使用者表現出對某個展廳感興趣，那麼其將會重點介紹這個展廳。

多模態大模型能夠幫助 AI 進行多種互動，是 AI 邁向通用 AI 的關鍵技術。未來，AI 能夠藉助多模態大模型，在多個領域深入發展，幫助人類解決更多難題。

2.4.3　多模態技術提升預訓練大模型的通用能力

多模態技術的發展推動預訓練大模型的發展，提升預訓練大模型的通用能力。當前，預訓練大模型已經從自然語言模型、電腦視覺模型等單一模型轉向融合多種功能的多模態模型。未來，隨著多模態技術的進步，預

訓練大模型的通用能力將大幅提升。

　　基於多模態技術的發展，預訓練大模型已經從單一的模型轉變為通用的、跨模態的模型。透過深度學習框架、數據呼叫策略、計算策略等方式提升模型效果成為多模態技術研究的關鍵，相關領域的代表性研究包括 OpenAI DALL-E 及 CLIP（Contrastive Language-Image Pretraining，對比性語言 - 影像預訓練）、微軟及北大 NVWA 女媧、NVIDIA PoE（Power over Ethernet，乙太網供電）GAN、DeepMind 的 Gato、NVIDIA GauGAN 2 等。

　　以安防行業為例，現如今，「AI+ 安防」已經進入精細化發展階段。AI 開始向安防的細分長尾領域滲透，「AI+ 安防」不再採取粗放上量的發展模式，而是向精細化更新轉變。雖然 AI 與安防加快融合，但安防行業仍存在著 AI 深度應用不足、AI 演算法場景限制過高等問題。

　　安防監控系統產生的數據量十分龐大，包括結構化數據、半結構化數據、非結構化數據等。而 AI 影片大數據分析技術在安防行業的應用主要存在以下兩個問題：

　　（1）非卡口場景的影片分析演算法成本高、穩定性差、準確率低，儲存的影片不能得到有效利用。

　　（2）影片結構化分析產品和智慧 AI 鏡頭逐漸進入安防市場，大量結構化影片數據由此產生。但基於結構化影片數據的深度智慧應用，包括預測預警、技戰法訓練、模式挖掘、時空分析等尚處於探索階段。在這個過程中，很容易產生無效投資和數據資源浪費等問題。

　　而跨模態預訓練大模型的成熟推動了 AIGC 內容的高品質產出，跨模態預訓練大模型具備優異的落地能力，能夠使 AI 在安防行業快速落地，並得到有效應用。同時，安防行業的影片識別 AI 演算法也將進一步提升

安防行業影片識別結果的準確性，進一步拓展 AI 在安防領域應用的廣泛性。

　　基於多模態技術的預訓練大模型推動了安防行業的發展，而預訓練大模型在更多領域的深入發展，使其應用範圍更加廣泛。

第 *3* 章　內容變革：
ChatGPT 開啟內容生產力革命

ChatGPT 可以輔助使用者輸出多種內容，使內容生產變得更加簡單、高效。可以說，ChatGPT 拓展了數位時代的創造力極限，開啟了內容生產力革命。

3.1　內容生產方式發展的三大階段

隨著網際網路與相關技術的疊代，內容生產方式經歷了 3 個發展階段，分別是內容品質高但體量小的 PGC 階段、內容豐富性提升的 UGC 階段、內容智慧高效生成的 AIGC 階段。

3.1.1　PGC：內容品質高但體量小

在 Web 1.0 時代，專家作為內容創作與釋出的主體，可以透過專業的方式將訊息整合，創作出品質更高、專業性更強的內容。這種內容生產方式被稱為 PGC。PGC 的代表產品有亞馬遜的網際網路電影數據庫、雅虎的綜合指南網站等。

雖然網際網路上的大多數內容都是專家創作的，但 PGC 概念的真正普及是由內容平台、知識付費企業和網際網路媒體機構推動的。PGC 內容創作的主體是平台和企業，它們能夠保障內容的專業性，具備較強的內容

生產能力。它們以使用者需求為中心生產內容，憑藉高品質原創內容賺取收益，如版權作品、線上課程等。同時，它們所生產的高價值內容能夠收穫大批流量，最終實現流量變現。

PGC 具有針對性強、品質高、易變現等優勢，但也存在明顯的不足。例如，專業性內容對品質要求較高，導致內容創作週期較長，創作門檻較高；PGC 內容的產量不足、多樣性欠缺，導致使用者的多樣化需求無法得到滿足。PGC 存在的諸多缺陷催生了新的內容生產方式。

3.1.2　UGC：內容豐富性提升

在 PGC 模式下，使用者只能單向地接收內容，而無法參與內容創作。隨著使用者對個性化、多樣化內容的需求增加，以及眾多社交媒體的誕生，UGC 模式應運而生。

在 Web 2.0 階段，使用者從內容消費者轉變為內容創作者，展現出自身的創造力。UGC 內容爆發式增長，逐漸成為內容生產新趨勢，內容創作主體也逐漸從企業和平台轉變為使用者。專業性已經不再是內容創作的主要門檻，非專業人士也能夠創作出大眾喜聞樂見的內容，網際網路迎來了使用者創作內容的新時代。

在微博、微信等社交平台上，使用者能夠透過圖文形式記錄、分享自己的生活，同時也能夠了解他人的生活；在豆瓣、貼吧、知乎等社群平台上，使用者可以自由探討感興趣的文章、書籍和影視作品；在快手、抖音等自媒體平台上，使用者能夠透過創作短影片獲取關注和流量，還能夠實現流量變現。在各類平台的角逐之下，內容生產方式逐漸從 PGC 向 UGC 轉變，使用者成為內容創作的主體。

雖然 UGC 內容生產方式具有一定的優勢，但也存在一些問題。例如，創作者素質參差不齊，平台需要耗費大量成本和精力去訓練創作者，稽核創作者釋出的內容，把控創作者的內容版權。在 UGC 內容生產方式下，雖然內容供給問題得到了解決，但內容品質、內容版權和內容更新頻率等方面依然存在問題。

相較於 PGC 內容生產方式下的團隊合作生產，在 UGC 內容生產方式下，創作者更多是「單打獨鬥」。因此，內容的原創程度、內容品質、內容釋出頻率難以得到更好的保障。在這種情形下，內容創作生態很容易遭到汙染和破壞，內容生產效率也難以提升，這推動了 Web 3.0 階段新型內容生產方式 —— AIGC 的誕生。

3.1.3 AIGC：實現內容智慧高效生成

雖然 UGC 滿足了使用者對個性化、多樣性內容的需求，但內容生產效率低下。面對這一問題，利用 AI 生成內容的新型內容生產方式 —— AIGC 誕生。AIGC 不僅能夠識別各種語義訊息，還能夠進一步提升內容生產力，實現內容智慧高效生成。在 Web 3.0 時代，虛擬空間的發展需要高效的內容生產方式，而 AIGC 承載了使用者對 Web 3.0 時代內容生產方式的期待，滿足了使用者對高效、高品質內容生產的需求。

讓 AI 學會創作絕非一件易事，科學家曾做過諸多嘗試。起初，科學家將這一領域稱為生成式 AI，主要研究方向為智慧文字建立、智慧影像建立、智慧影片建立等。生成式 AI 基於小模型發揮作用，這種小模型需要經過數據訓練，才能夠應用於解決特定場景的任務。因此，基於小模型的生成式 AI 的通用性比較差，難以遷移到其他任務中。

同時，由於基於小模型的生成式 AI 需要依靠人工調整引數，因此很快被基於大模型的生成式 AI 取代。基於大模型的生成式 AI 不再需要人工調整引數，或者只需要少量調整，因此可以遷移到多種任務場景中。其中，GAN 是 AIGC 基於大模型生產內容的早期重要嘗試。

生成對抗網路能夠利用判別器和生成器的對抗關係生成各種形態的內容，基於大模型的 AIGC 應用不斷湧現。直到新一代聊天機器人模型 ChatGPT 出現，AIGC 才真正實現商業化落地。AIGC 本質上是一種生產力的變革，對內容生產力的提升主要展現在以下 3 個方面：

（1）AIGC 減少了內容創作中的重複性工作，提升了內容生產效率和品質。

（2）AIGC 將創作與創意相互分離，使創作者能夠在 AI 生成的內容中獲得思路和靈感。

（3）AIGC 整合了大量訓練數據和模型，拓展了內容創新的邊界，幫助創作者生產出更加獨特的內容。

AIGC 有著不可逆轉的發展態勢，開啟了智慧創作時代。AIGC 推動人類進入智慧創作的新時代，成為智慧生產領域的重量級新角色。

3.2　ChatGPT 變革內容生產的 7 個維度

ChatGPT 能夠給內容生產的 7 個維度帶來變革，分別是文字生成、音訊生成、影像生成、影片生成、遊戲生成、程式碼生成和 3D 生成。

3.2.1　文字生成：對話生成＋文章摘要＋機器寫作

　　ChatGPT 作為一個由 AI 驅動的聊天機器人模型，基於強大的文字生成技術，可以實現多種型別的文字生成，包括對話生成、文章摘要和機器寫作。

　　（1）對話生成。ChatGPT 基於 GPT-3.5 模型，可以實現對話智慧生成，如聊天機器人、智慧客服等。微軟推出的微軟小冰，能夠與使用者對話；多家企業推出對話機器人，應用於客服、外呼、行銷等環節；對話生成、語音、視覺等技術結合，推動多模態數位人落地。

　　（2）文章摘要。ChatGPT 可以對文字進行理解和分析，然後形成文字摘要，有利於幫助使用者節約時間，提高工作效率。在閱讀方面，ChatGPT 可以根據文章的主題與關鍵詞，生成能夠概括文章內容的摘要，提高使用者的閱讀效率。

　　（3）機器寫作。ChatGPT 透過學習大量的文字數據，能夠生成文字，可用於新聞資訊編寫、小說創作等方面，提高使用者的工作效率。ChatGPT 進行文章寫作需要 3 個步驟，分別是獲取訊息、加工訊息和輸出訊息。在獲取訊息階段，使用者需要分辨、判斷 ChatGPT 輸出的訊息，篩選出符合創作要求的內容，對 ChatGPT 進行引導；在加工訊息階段，使用者需要對 ChatGPT 持續提問，進一步完善文章內容；在輸出訊息階段，使用者可以獲得一份經過反覆疊代的初稿，為了使文章更加完善，使用者可以詢問 ChatGPT 對於文章的意見，按照意見修改文章。

　　例如，中國地震臺網發明了一個地震訊息播報 AI 機器人，該 AI 機器人可以根據設定的模板寫作。在四川省綿陽市發生 4.3 級地震時，該 AI 機器人僅用 6 秒便撰寫出一篇 500 字左右的新聞；四川省阿壩州九寨

溝縣發生了 7 級地震，該 AI 機器人不僅在新聞報導中寫出震源地地貌特徵、天氣情況、人口密度等內容，還自動為新聞報導配置了 5 張地震現場圖片，整個撰寫過程僅僅花費了二十幾秒的時間；在地震後續的新聞跟進中，該 AI 機器人撰寫並釋出餘震資訊僅僅花費了 5 秒左右的時間。該 AI 機器人幫助中國地震臺網節約了人力資源，提高了新聞播報效率。

ChatGPT 在文字生成領域的應用場景十分廣泛，發展前景廣闊。Chat-GPT 生成文字代替了文字創作領域的大量重複性勞動，幫助使用者更好地與 AI 互動。未來，ChatGPT 很有可能成為文字內容創作的主體，幫助使用者節省大量的時間和精力。

3.2.2　音訊生成：語音生成 + 歌曲創作

技術的發展催生了許多新型溝通方式，ChatGPT 合成音訊便是其中一種。ChatGPT 合成音訊可以將文字轉化為音訊，提高溝通的效率與便捷性。目前，ChatGPT 可以實現語音生成和歌曲創作。

ChatGPT 生成音訊需要藉助文字合成技術與音訊生成技術，將文字轉換為語音。這能夠減輕音訊從業者的工作量，音訊從業者無須錄製音訊，只需要輸入文字便可以生成音訊。

ChatGPT 合成音訊的過程並不複雜，使用者只需輸入內容，ChatGPT 便會生成音訊。使用者匯出後，就能得到一份高品質的音訊。ChatGPT 生成音訊的使用場景廣泛，可以應用於大量文字數據轉換為語音，還可以應用於語音識別領域。目前，ChatGPT 還處在探索階段，許多企業正在極力摸索中。

在音訊合成領域，喜馬拉雅嘗試為創作者提供 AI 音訊合成工具。喜

馬拉雅是一個成立於 2012 年的線上音訊分享平台，形成了「優質創作者創作優質的內容 —— 優質的內容吸引粉絲 —— 粉絲進行互動、宣傳」的商業閉環。目前，以 ChatGPT 為代表的 AIGC 應用滲透多個行業，在多個場景中實現了落地。對此，喜馬拉雅也積極探索，打造了「喜韻音坊」平台。該平台能夠幫助使用者進行音訊創作，實現使用者的配音夢。喜馬拉雅打造「喜韻音坊」並不是一件容易的事情，需要攻克許多技術難關，如圖 3-1 所示。

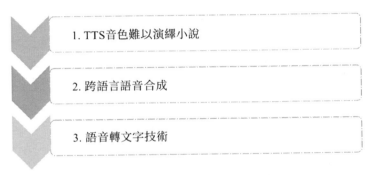

1. TTS音色難以演繹小說

2. 跨語言語音合成

3. 語音轉文字技術

圖 3-1　喜馬拉雅打造喜韻音坊攻克的技術難關

1 · TTS 音色難以演繹小說

　　TTS（Text To Speech，文語轉換）是一種將文字轉換為語音的技術，廣泛應用於多種場景，如電話客服、機器人等。但 TTS 合成的聲音是冷冰冰的機器音，不能用於錄製音訊節目。在音訊節目中，聽眾希望聽到有情緒變化、有溫度的聲音。例如，講述童話故事的聲音應該是天真可愛的，講述武俠故事的聲音應該是激昂、頓挫的，講述歷史故事的聲音應該是深沉、厚重的。

　　如果運用 TTS 生成音訊，就需要其能夠學習情感表達、轉換音色等。

因此，喜馬拉雅需要研究如何讓 AI 理解文字語境，然後根據語境選擇合適的音色，並能根據文字的情緒隨時轉換音色。

例如，喜馬拉雅曾嘗試復原評書藝術家單田芳先生的聲音。單田芳先生聲音的特色是韻律起伏大、許多字詞發音獨特，如果僅用 TTS 進行聲音合成，那麼最終形成的音訊語調相對平淡，失去了評書應有的跌宕起伏。

對此，喜馬拉雅設計了韻律提取模組，能夠合成起伏較大的韻律，並針對單田芳先生的發音設計了口音模組，對特殊的發音進行標註。因此，AI 合成音訊時能夠還原單田芳先生講評書的「味道」。

基於不斷的技術創新，喜馬拉雅用 TTS 合成的 AI 音訊已經能夠以假亂真。如今，TTS 技術已經能夠輸出多種情感、風格的音訊，廣泛應用於新聞、小說、財經等領域的音訊內容創作中。

2·跨語言語音合成

跨語言語音合成指的是讓一種聲音說兩種語言，例如，A 的聲音既能講普通話，也能講客家話。這項技術的難點在於 A 本人只講普通話，我們卻需要 AI 模仿 A 的聲音講客家話。

喜馬拉雅研發了一套訓練方法，讓模型接受語言和音色的組合訓練，以解決跨語言語音合成問題。

3·語音轉文字技術

許多音訊節目不會特意匹配字幕，導致聽眾很難聽清節目講的是什麼。為了解決這個痛點，喜馬拉雅將語音轉文字技術和能夠將超長音訊與文字對齊的演算法結合，推出了 AI 文稿功能。

AI 文稿功能能夠識別無文稿的音訊內容，並自動生成文稿，方便聽

眾理解內容。對於已經有文稿的音訊內容，AI 文稿功能能夠將聲音與文稿進行時間軸對軌。在聲音播放的同時，對應的文字會同步高亮，聽眾能夠更加便捷地收聽音訊。

喜馬拉雅透過研發新技術，為音訊行業的生產方式、內容結構帶來了新的變化，推動音訊行業不斷發展。目前，喜馬拉雅的內容生產方式主要是 PGC 和 UGC，但其在 AIGC 領域不斷探索，以累積更多優勢。

（1）真人接單進行朗讀的生產成本過高，AI 生成音訊能夠降本增效。喜馬拉雅深耕線上音訊行業多年，形成了相對穩定的內容生產結構，即「PGC+PUGC（Professional User Generated Content，專業使用者生產內容）+UGC」。其中，UGC 是使用者消費最多的部分。

喜馬拉雅與創作者之間採用的是收入抽成的利潤分配方式，導致喜馬拉雅的內容生產成本過高。在內容創作中引進 AI 技術之後，喜馬拉雅可以透過 AI 生成音訊的方式生產有聲書，能夠產生海量音訊內容，有效降低成本。

（2）AI 能夠快速生成音訊。對於新聞、時事熱點等具有時效性的內容，如果運用真人接單模式，使用者可能需要等待幾個小時才能夠聽到音訊內容。但如果運用 AI 生成內容模式，可能只需要幾分鐘，使用者就能夠聽到音訊內容。例如，新京報、環球時報等媒體藉助 TTS 技術每日平均生產 500 條音訊，這是以前無法實現的。

（3）幫助創作者進行內容生產。喜馬拉雅希望為創作者提供 AI 工具，以提升創作者的創作效率，降低創作門檻，使創作生態更加繁榮。

在音訊行業，大多數內容創作者沒有專業團隊，因此，他們能夠演繹的內容十分有限，只能選擇單播作品，這限制了他們聲音的變現力。而

喜韻音坊上線 AI 多播功能後，主播可以與 AI 合作，實現單人演繹多播作品。

　　一名在喜馬拉雅進行音訊創作的主播表示，喜韻音坊的音色型別多樣，有公子音、「御姐」音、青年音等多種音色。而且 AI 還能夠展現人物的不同情緒，無論是悲傷、憤怒，還是欽佩、喜歡，AI 都可以切換自如，滿足聽眾的多種要求。

　　喜馬拉雅利用 AI 技術重構了音訊行業的內容生產方式，也改變了音訊行業的商業邏輯。未來，AI 技術將會進一步賦能音訊行業，生成更加逼真的音色，讓更多創作者愛上配音。

　　在歌曲創作方面，2023 年 1 月 27 日，Google 釋出 AI 內容生成領域的新模型——MusicLM。這是繼影片生成工具 Imagen Video、文字生成模型 Wordcraft 之後，Google 再次推出的內容生成式 AI 模型，而這一新推出的模型瞄準了音樂創作領域。

　　其實，普通使用者想要透過 AI 模型創作音樂並不是一件容易的事情。AI 生成的音樂是在很多訊號相互作用之下形成的，包括音色、音調、音律、音量等。早期的一些 AI 自動生成工具創作的音樂往往有明顯的合成痕跡，聽起來很不自然。

　　視覺化 AI 工具 Dance Diffusion、Riffusion 能自動創作音樂，OpenAI 也曾推出 AI 音樂生成工具 Jukebox。但是這些 AI 音樂生成工具受限於數據、技術等因素，只能創作簡單的音樂，而對於相對複雜的音樂，它們無法保障音樂的品質和高保真度。想要實現真正意義上的音樂自動生成，AI 模型需要經過大量數據模擬和訓練，這是 AI 自動生成工具保障音樂品質必不可少的基礎性步驟。

MusicLM 能夠在複雜的場景中根據影像和文字自動生成音樂，並且曲風多樣。MusicLM 生成的音樂不僅可以滿足使用者的多樣化需求，而且能夠最大限度地保障音樂的高保真度。

MusicLM 支持根據影像生成音樂，世界名作〈星空〉、〈格爾尼卡〉、〈吶喊〉等都可以作為生成音樂的素材，這是 AI 音樂生成領域的一大突破。MusicLM 不僅能夠幫助使用者識別樂器，還能夠融合各種音樂流派，根據使用者提供的抽象概念生成音樂。例如，使用者想要為養成型遊戲配置一段音樂，只需要輸入「養成型遊戲的主配樂，動感且輕快」，MusicLM 便可以按照使用者的要求自動生成音樂。

MusicLM 的訓練數據庫龐大，為理解深度、複雜的音樂場景提供堅實基礎。針對音樂生成任務缺乏評估數據的問題，MusicLM 專門引入了MusicCaps 用於音樂生成任務評估。

以 ChatGPT 為代表的 AIGC 應用的應用範圍不斷擴大，能夠在語音生成與歌曲創作方面賦能使用者，為使用者的生活帶來更多便利。

3.2.3 影像生成：影像編輯＋設計生成

ChatGPT 的發展為許多對創作有興趣的使用者提供了便利，使用者不僅可以藉助 ChatGPT 生成文字，還可以藉助 ChatGPT 生成影像，使自己的個性化需求得到滿足。

使用者可以利用 ChatGPT 生成影像，使文章圖文並茂，引起更多讀者的興趣。例如，使用者想要尋找含義為「開心」的影像，可以在 ChatGPT 的對話方塊內輸入「尋找與開心有關的影像，顯示影像時使用 markdown 語法」，ChatGPT 便會在 unsplash 相簿中為使用者尋找合適的影像，滿足

使用者的要求。除了尋找已有影像外，使用者還可以透過 AI 繪畫創造影像。以 Midjourney、Disco Diffusion 為代表的 AI 繪畫軟體紛紛湧現，廣受使用者歡迎。

在使用 AI 繪畫軟體作畫時，使用者無須手動繪畫，只需要在軟體中選擇自己想要的視角和風格，並輸入關鍵詞，AI 繪畫軟體便能夠按照使用者的需求自動生成一幅高水準的畫作。AI 繪畫憑藉高超的技術水準和創作能力，逐漸成為主流藝術創作形式。

從生產力的角度來看，AI 繪畫是影像生成領域的重大技術飛躍，大幅提升了影像的生產效率和品質。AI 繪畫是 ChatGPT 在影像生成領域的重要應用，目前，有兩種較為成熟的應用工具，分別是影像編輯工具和影像自主生成工具。影像編輯工具的主要功能有新增濾鏡、提高圖片解析度、去除圖片水印等。影像自主生成工具聚焦兩個方面：功能性影像生成，常應用於海報、模特圖、品牌 Logo 等影像製作方面；創意性影像生成，主要應用於隨機或者按照特定屬性生成畫作。

如今，很多網際網路使用者都在自己的朋友圈和短影片平台分享各種形式的 AI 畫作。AI 繪畫可以分為 3 類，分別是藉助已有影像生成新影像、藉助文字描述生成新影像和二者的結合。

AI 繪畫是 AI 影像生成技術的具象表現。AI 影像生成技術的技術場景有影像屬性編輯、影像區域性生成及更改、端到端的影像生成 3 種，如表 3-1 所示。

表 3-1 AI 影像生成技術的應用場景

技術場景	落地場景	內容	現狀及未來趨勢	代表公司 / 產品
圖像屬性編輯	圖像編輯	圖片去水印、調整光影、設置濾鏡、修改圖像風格、提升分辨率等	市場中已經出現大量產品，未來將持續更新產品使用體驗，吸引更多用戶	美圖秀秀、Photokit、Imglarger、Hotpot等
圖像局部生成及更改	圖像編輯	更改圖像部分構成、人物面部特徵等，可以調整照片中人物的情緒、神態等	難以直接生成完整的圖像，隨著AI模型的不斷發展，這類產品將越來越多	Adobe、輝達等
端到端的圖像生成	創意性圖像生成，如NFT；功能性圖像生成，如Logo、宣傳圖等	可以生成完整圖像，組合多張圖像生成新圖像	當前市場中應用較少，將在未來短時間內實現規模化應用	阿里鹿班、Deepdream Generator、詩雲科技等

　　AI 影像生成技術不斷發展並實現商業化應用，市場十分廣闊。未來，AI 影像生成將為藝術創作提供更多可能性。

3.2.4　影片生成：打造高品質短影片

　　影片創作是一件非常複雜的事情，從編寫影片指令碼到配樂、剪輯等，都對使用者的能力有一定的要求。而 AI 技術的出現為使用者提供了創作工具，可以輔助使用者進行影片創作。

　　在影片指令碼編寫方面，使用者可以使用 ChatGPT。使用者輸入影片的主題和要求，ChatGPT 就會生成一個完整的指令碼，包含拍攝場景、分鏡頭、對白等，滿足使用者的拍攝需求。使用者在獲得影片指令碼後，可以將影片指令碼輸入影片編輯軟體，並配以音樂、字幕等，最終生成一個影片。

在影片的配音、剪輯等方面，也有一些 AI 工具可供使用者使用。2022 年 9 月 29 日，Meta（原 Facebook）宣布推出其內部開發的 AI 系統──Make-A-Video。該系統根據使用者輸入的文字或者詞語生成短影片。Make-A-Video 支持使用者輸入一連串詞語，例如，使用者輸入「穿著藍色衛衣的小貓在天空中飛翔」，Make-A-Video 便可以生成一段 5 秒的影片。雖然影片還不夠精良，但是文字生成短影片領域的一大進步。

Meta 認為，文字生成影片比文字生成圖片的難度更大，因為生成影片需要運用大量的算力。Make-A-Video 系統需要運用數百萬張影像進行訓練，才能夠生成一個短影片。這意味著，只有有能力的大型公司才有可能研發出文字生成短影片系統。

為了訓練 Make-A-Video，Meta 整合了 3 個開源影像和影片數據集的數據。Make-A-Video 透過在文字轉影像數據集得標記靜態圖的方式，學習物體的名字與外形以及物體如何移動，從而根據文字生成影片。

Meta 認為，Make-A-Video 能夠為創作者帶來全新的機會。但是 Make-A-Video 也有一些弊端，例如，可能被用於傳播有害內容和偽造訊息。雖然研究人員已經盡力將不當的文字與圖片過濾掉，但無法從上百萬張圖片中徹底清除所有有害訊息。

陸續有一些其他的影片製作工具出現，例如，能夠一鍵生成短影片的平台 QuickVid。QuickVid 能夠藉助 GPT-3 編寫短影片指令碼，並從短影片指令碼中提取重要內容，基於重要內容自動選取影片背景。同時，QuickVid 利用 DALL-E 2 文字生成影像、Google Cloud 文字生成語言的功能，為影片新增圖片與字幕，並基於 YouTube 上免版稅的音樂打造音樂庫。QuickVid 如同一個 AI 工具的結合體，對於使用者來說，其使用門檻

較低，只需要輸入幾個詞彙就可以生成一段影片。

利用 ChatGPT 生成影片的優勢明顯，在擁有高效率的同時，可以節約成本與時間。對於需要大批次產出內容的影片從業者來說，ChatGPT 是不二之選。

3.2.5 遊戲生成：遊戲場景＋遊戲劇情

ChatGPT 給遊戲產業帶來的變革最為明顯，其可以製作出多種多樣的遊戲，提高遊戲開發效率，打造出更加真實、生動的遊戲世界，提升玩家的遊戲體驗。

遊戲開發商可以使用 ChatGPT 製作文字冒險類、角色扮演類和推理類等遊戲。ChatGPT 可以自動生成文字並與玩家互動，玩家的指令或者選擇可以推動情節發展。玩家的選擇不同，ChatGPT 生成的遊戲的結局也不同，增強了遊戲的可玩性。ChatGPT 作為一種新興的遊戲生成方式，可以為玩家帶來更加新奇的體驗。

當前，玩家可以使用 ChatGPT 生成文字版本的遊戲。推特上一名寶可夢玩家利用 ChatGPT 生成了一款文字形式的《寶可夢 綠寶石》遊戲。ChatGPT 還原了遊戲中的許多細節，如讓玩家選擇相關的道具、進行對抗戰鬥、進行策略選擇等。

經過除錯，ChatGPT 能夠理解遊戲中的規則與機制，並進行還原。例如，ChatGPT 可以模擬出不同屬性的寶可夢之間的克制關係，顯示出正確的攻擊傷害。再如，玩家剛加入遊戲時，一些地圖沒有解鎖，玩家無法進入探索。ChatGPT 也模擬了遊戲的這一規則，拒絕玩家不合理的進入請求。

　　ChatGPT 在遊戲製作方面具有巨大潛力。未來，隨著 ChatGPT 的發展，幫助遊戲開發者設計全新的遊戲將成為現實。

　　ChatGPT 還可以應用在遊戲場景打造方面。例如，騰訊 AI Lab 在 3D 遊戲場景生成方面持續探索，並提供了解決方案，能夠輔助遊戲開發者在短時間內打造出虛擬城市場景，提高遊戲開發效率。

　　虛擬城市場景的建造重點在於 3 個方面，分別是城市結構、建築外表和室內對映生成。為了使城市結構更加逼真，騰訊 AI Lab 讓 AI 學習了衛星圖、航拍圖等，使 AI 掌握現實中城市的道路布局，從而生成更加逼真的場景。

　　AI 能夠實現道路布局智慧化生成。開發者只需要描繪出城市的主幹道，AI 便會根據開發者的圖片進行自動填充，形成完整的道路結構。此外，開發者還可以修改引數，以獲得理想中的虛擬城市。

　　在建築外表生成方面，過去設計師以照片作為參考，手工製作建築模型。這種方式耗時耗力，往往一個遊戲內只有少量特色建築。騰訊 AI Lab 研發出將 2D 照片轉化為 3D 模型的技術，提高了建築模型的製作速度，使遊戲中能夠擁有更多多樣化的建築。此外，騰訊強大的遊戲場景生成能力提高了遊戲中建築外表的豐富度。

　　遊戲劇情是遊戲的核心，也是吸引使用者的關鍵。遊戲劇情要能夠讓使用者獲得沉浸感，這需要劇情策劃者付出大量的精力和腦力才能實現。ChatGPT 能夠實現文案生成，分擔劇情策劃者的工作，使劇情策劃者將精力放在劇情設計上，提高遊戲品質。例如，育碧推出了文案生成工具 Ghostwriter。劇情策劃者創造一個角色，在 Ghostwriter 中輸入角色的性格、經歷的事件、輸出方式與風格，Ghostwriter 會生成人物對白。劇情策劃者可以對生成的對白進行優化，提高劇情創作效率。

ChatGPT 在遊戲領域具有巨大的潛力，在降低遊戲開發成本的同時，提高遊戲的沉浸感。隨著 ChatGPT 的不斷發展，其在遊戲領域將會獲得更加廣泛的應用。

3.2.6 程式碼生成：助力開發者智慧程式設計

隨著軟體開發的複雜程度不斷加深，軟體開發對開發者的技術水準的要求越來越高。ChatGPT 能夠輔助開發者進行智慧程式設計，實現程式碼的高效生成。ChatGPT 程式設計的優勢主要展現在以下 3 個方面，如圖 3-2 所示。

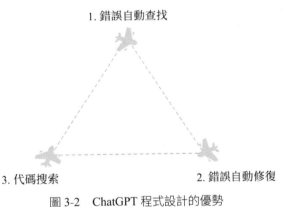

圖 3-2　ChatGPT 程式設計的優勢

1 · 錯誤自動查詢

ChatGPT 程式設計能夠利用機器學習和深度學習自動檢測程式碼中的錯誤，避免了人工檢測錯誤不精準的問題。ChatGPT 程式設計透過給定一個程式碼語料庫，自動生成訓練數據，再將這些訓練數據輸出為程式碼，並以向量的形式表現出來。使用者能夠透過訓練好的數據預測新程式碼中可能存在的錯誤。

2 · 錯誤自動修復

查詢出程式碼中的錯誤之後，如何修復錯誤是一個十分關鍵的問題。ChatGPT 程式設計能夠建立編碼解碼器模型，輸入錯誤問題的程式碼後，解碼器中能夠生成一個修復後的程式碼。對於原始數據集，ChatGPT 程式設計可以修復一部分錯誤；對於合成數據集，ChatGPT 程式設計可以修復大部分錯誤。

3 · 程式碼搜尋

如果使用者想要編寫特定的程式碼，可以透過 ChatGPT 程式設計完成系統、標準的訊息檢索。在程式碼搜尋中，ChatGPT 程式設計能夠給定一組搜尋結果。ChatGPT 程式設計程式碼搜尋主要包含 3 個要素，分別是程式碼描述、程式碼片段和隨機錯誤描述，這 3 個要素能夠更好地捕捉語義的相似性。

ChatGPT 程式設計火熱發展，未來，ChatGPT 程式設計有望代替大部分的程式設計工作，幫助我們解決眾多複雜的程式設計問題，推動 AIGC 不斷發展。

3.2.7　3D 生成：生成 3D 模型

3D 建模成本高、要求高、耗時長，而以 ChatGPT 為代表的 AIGC 應用可以智慧生成 3D 模型，提升從業者的工作效率。

例如，Magic3D 是一款由輝達推出的能夠根據文字描述生成 3D 模型的應用。在使用 Magic3D 時，創作者只需要輸入自己想要建立的 3D 模型的特徵，如一隻伏在樹上的綠色毒蜥蜴，Magic3D 便能夠在 40 分鐘內生成符合提示語特徵的 3D 網格模型，並為模型填充紋理特徵。

相較於根據文字生成 2D 模型的 DreamFusion，Magic3D 同樣是將低解析度的簡約模型轉化為高解析度的精細化模型，但其能夠以更快的速度和更高的品質生成 3D 模型。在使用 Magic3D 的過程中，創作者輸入的文字往往是由「粗糙」到「細緻」的。只有這樣，Magic3D 才能夠生成高解析度的三維模型。

Magic3D 可以使用著色器建立逼真的圖形。著色器能夠對多個影像元素進行重複計算，並對影像快速渲染，優化影像的著色、畫素。Magic3D 的影像生成包含兩個階段。在第一個階段，Magic3D 使用 eDiff-I 作為模型進行「文字 —— 影像」擴散先驗，並透過對 Instant NGP（Instant Neural Graphics Primitires，即時神經圖形基元）的優化生成初始的 3D 模型，然後計算 SDS（Score Distillation Sampling，分蒸餾取樣）的損失，從 Instant NGP 中提取粗略模型。而後，Magic3D 使用稀疏加速結構和雜湊網路加速結構生成影像，並根據影像渲染的損耗從低解析度影像中建模。

在第二個階段，Magic3D 使用高解析度潛在擴散模型（Latent Diffusion Model，LDM）不斷抽樣和渲染第一個階段的粗略模型，並利用互動渲染器對影像進行優化，以生成高解析度的渲染影像。Magic3D 還可以基於創作者輸入的提示語對 3D 網格進行實時編輯。如果創作者想要更改生成的模型，只需要更改文字提示即可。此外，Magic3D 可以保持影像生成的主題，並將 2D 影像的風格與 3D 模型相融合。這樣一來，創作者不僅可以獲得高解析度的 3D 模型，還降低了模型的運算強度。

Magic3D 模型的運算時間與 LDM 編碼器的梯度和高解析度的渲染影像有著緊密的關係，這增強了模型運算強度的可控性。Magic3D 模型的渲染框架主要基於可微分插值計算的 DIB-R 或渲染器建構，可以應用於 3D 影像設計和機器人設計等領域，在幾秒鐘內就可以完成 3D 模型的渲染。

其中，DIB-R 可以透過二維影像來預測三維影像的紋理、光照、形狀和顏色，而後建立一個多邊形球體，最終生成符合二維影像特徵的 3D 模型。

Magic3D 使用 Instant NGP 的雜湊特徵編碼，節約了高解析度影像特徵的計算成本。其生成的每個 3D 模型都有無紋理渲染，在生成的過程中能夠自動刪除影像的背景，以更好地專注於實際的 3D 形狀。因此，Magic3D 生成的 3D 模型往往都具備清晰的紋理。

Magic3D 能夠推動 3D 合成技術大眾化，在 3D 內容創作中展現出更加豐富的創造力。而在未來，隨著 ChatGPT 的發展，其在 3D 模型生成方面的應用將更加深入，產生新的、更加智慧的應用軟體。

3.2.8　5 Movies：ChatGPT 製作的軟體已上線

ChatGPT 不僅是一個聊天工具，還可以用於軟體製作。例如，一個名為 Morten Just 的瑞士程式員指導 ChatGPT 製作了一款名為「5 Movies」的電影推薦軟體，並在蘋果應用商店上架。

5 Movies 的主要功能是電影推薦，每天為使用者推薦 5 部電影，介紹劇情並給出觀影地址。5 Movies 的程式碼大部分由 ChatGPT 完成，程式員僅僅需要修復一些小 Bug。

5 Movies 的誕生展現了 ChatGPT 在程式開發方面的潛力，可以提高程式員的工作效率。ChatGPT 能夠幫助程式員解決程式開發的問題，程式員能夠將更多時間花費在產品設計與更新使用者體驗上，推動產品創新，更好地滿足使用者的需求。

此外，軟體開發市場的迅速發展對程式員的軟體開發速度有一定的要求。ChatGPT 可以加快軟體開發的速度，縮短開發時間，使程式員獲得競

爭優勢。程式員能夠在保證軟體品質和穩定性的情況下，不斷對軟體進行疊代，提升自己的市場競爭力。

　　總之，ChatGPT 可以幫助程式員完成大量編碼工作，使程式員有精力去完成更重要的事情。隨著 ChatGPT 和 AIGC 技術的不斷發展，將會有更多類似 5 Movies 的軟體出現。

3.3　ChatGPT 變革內容創作行業

　　ChatGPT 給整個內容創作行業帶來了變革：一方面，其能夠輔助創作者創作，降低創作門檻；另一方面，其能夠為創作者提供創意，實現思路創新。

3.3.1　ChatGPT 降低創作門檻，提升創作效率

　　AI 逐步滲透使用者的生活，為使用者帶來了全方位的改變。其中，最具代表性的便是 OpenAI 推出的 ChatGPT。ChatGPT 作為一個 AI 語言模型，具有以下幾個優點：

　　（1）提高創作效率。ChatGPT 的內容輸出能力極強，能夠輸出流暢、自然的內容，不僅可以生成句子或段落，還可以生成整篇文章，包括詩歌、散文、童話故事等多種形式。ChatGPT 節約了使用者手動輸入文字、進行內容創作的時間，提高了使用者的創作效率。

　　（2）提高文字生成品質。ChatGPT 基於許多優質數據進行訓練，能夠生成語言流暢、表述準確的文字，能夠保障文字品質。

　　（3）支持跨語言交流。ChatGPT 能夠對多種語言進行翻譯，支持使用

者進行跨語言交流。

（4）提供個性化服務。不同使用者的文字偏好與需求不同，ChatGPT 能夠在了解使用者喜好的基礎上生成文字，提高使用者滿意度。

ChatGPT 憑藉強大的功能成為廣受使用者歡迎的內容生成軟體。隨著 ChatGPT 的進一步發展，其在內容生成領域將釋放更大的價值，為內容創作者提供更多便利。

3.3.2　ChatGPT 為創作者提供創意，實現思路創新

ChatGPT 具有強大的學習與分析能力，能夠透過數據分析了解流行趨勢以及使用者需求，為創作者提供創意，幫助創作者實現思路創新。

例如，在進行文字創作時，保持文思泉湧的狀態十分重要。而 Chat-GPT 可以為創作者提供靈感。在遇到寫作瓶頸時，創作者可以透過與 ChatGPT 溝通，獲得一些有創意的想法。在進行藝術創作時，ChatGPT 可以生成一些創作素材，為創作者提供靈感。

2023 年 2 月，飲料大廠可口可樂和著名諮詢公司貝恩正式簽署協定，加入貝恩公司和 OpenAI 公司建立的聯盟。可口可樂將測試 ChatGPT 技術，藉助 ChatGPT 強大的內容創作能力為行銷賦能，拓展創意行銷的邊界。ChatGPT 可以為可口可樂的行銷部門提供行銷創意和行銷素材，生成更加有創意的行銷文案。

可口可樂與 ChatGPT 對雙方的合作將如何開展並沒有透露太多，但這無疑表明，ChatGPT 帶來的創新機遇值得各大企業掌握。人與 AI 技術結合，產生的作用將遠大於二者「單打獨鬥」。在產品更新換代迅速的市場中，可口可樂需要保持長久的競爭力，而應用 ChatGPT，可口可樂可以

捕捉海量的訊息，獲得更多、更熱門的創意靈感和行銷素材，生成多樣的行銷文案。

在這一風潮下，許多品牌藉助 ChatGPT 背後的 AI 生成技術生成內容，實現了更多創意。例如，網易是一家網際網路企業，一直致力於 AI、區塊鏈等先進技術的研究，積極利用技術推動產品創新。在網易嚴選 7 週年之際，網易釋出了一首由 AI 打造的歌曲——《如期》，如圖 3-3 所示。《如期》的歌詞來源於網易嚴選的使用者評論，巧妙地將網易嚴選的優秀產品與使用者的生活連繫在一起，講述了使用者與網易嚴選相伴的時光，傳遞了網易嚴選溫暖地陪伴使用者的品牌態度。

出品：網易嚴選×網易雲音樂

作詞：網易天音／網易子彈

作曲：網易天音／Wing

演唱：網易雲音樂X Studio AI歌手何暢

編曲：網易天音／Wing

混音：網易天音／李彩端

——如期·網易嚴選／網易天音／小冰

圖 3-3　《如期》的出品列表

網易雲音樂旗下的 AI 音樂創作平台——「網易天音」為《如期》提供技術支援，生成了歌詞。《如期》的宣傳海報也是由 AI 生成的。網易嚴選充分利用 AI 技術進行方案設計、拍攝和製作等工作。AI 可以根據網易嚴選的產品調性，生成符合其風格的拍攝場景、道具，提高了音樂創作的效率。

　　除了網易嚴選之外，美團優選也藉助 AI 進行了一次別出心裁的行銷。美團優選推出了一個名為「省錢少女漫」的廣告。該廣告總共有 10 幅漫畫，全部由 AI 創作。「省錢少女漫」是人類甲方與 AI 乙方的首次合作，AI 創作了 10 個能夠使使用者食慾爆發的晚飯場景，傳遞了買菜做飯去美團優選的訊息，是一次成功的行銷。美團優選將使用者體驗作為重點，結合當下的 AI 創作熱點，輸出有趣的內容，獲得了極佳的宣傳效果。

　　將 AI 技術與創意行銷相結合，不僅能夠提高輸出內容的品質，還能夠增強品牌與使用者的互動，提高品牌認知度。

第*4*章 產業格局：
從 ChatGPT 看 AIGC 產業生態

ChatGPT 以顛覆性的體驗實現了破圈，使越來越多的使用者了解到其背後的 AIGC 產業。這種關注對於 AIGC 產業來說是一把「雙刃劍」：一方面，眾多企業紛紛注資，推動了 AIGC 產業的發展；另一方面，AIGC 產業仍面臨一些挑戰，在快速發展過程中可能會產生一系列問題。

4.1 資本湧入，ChatGPT 引發 AIGC 產業狂歡

ChatGPT 的出圈使 AIGC 賽道得到了公眾的關注。無論對股市還是對投資機構來說，AIGC 都是其關注的熱點。資本湧入 AIGC 賽道，為 AIGC 產業的繁榮奠定基礎。

4.1.1 AIGC 板塊活躍，資本湧入概念股

ChatGPT 爆紅引發使用者對 AIGC 的關注，微軟、輝達等大廠紛紛入局，為 AIGC 產業注入活力。AIGC 板塊的股票呈持續上漲的趨勢，許多資本湧入概念股，希望獲得紅利。

例如，2023 年 2 月 2 日，AIGC 板塊異常活躍，同花順 App 上的數據顯示，AIGC 概念指數收漲 0.58%，AI 概念指數收漲 0.49%。值得注意的是，截至 2023 年 2 月 2 日，AI 與 AIGC 相關概念股已經連漲超過半個月，同為股份、視覺中國等多個與 AI 相關的概念股連日飛漲，顯示出強大的潛力。

　　AIGC 的巨大發展空間，引得企業紛紛加碼 AIGC 相關業務。例如，崑崙萬維在 StarX MusicX Lab 音樂實驗室上線 AI 創作的歌曲；中文線上研究 AIGC 應用，成功推出 AI 主播、AI 繪畫和 AI 輔助創作等功能；微軟宣布將與 OpenAI 深入合作，並追加超過 10 億美元的投資，為 AI 的發展貢獻力量，實現 OpenAI 工具商業化；Google 圍繞 AI 進行全面布局；百度計劃推出類似 ChatGPT 的 AI 工具。

　　除了很多企業深耕 AIGC 領域，資本市場也對 AIGC 持樂觀態度。例如，東吳證券認為，在市場空間方面，AIGC 的滲透率將逐步提升，應用規模也會相應增加，市場規模將在 2030 年超過兆元；賽迪顧問認為，到 2030 年，NLP 的市場規模將超過 2000 億元；太平洋證券認為，AIGC 將會在各行各業落地，作為數位內容發展的新引擎，為數位經濟發展注入新動能；浙商證券表示，頭部企業積極進入 AIGC 領域，有利於推動所處行業與 AIGC 融合的進度；開源證券表示，頭部企業的加入、現有技術的發展，有利於拓展 AI 的應用場景，加速 AI 商業化落地；方正證券表示，AI 技術的發展能夠使 AI 技術提供商受益。

　　目前，AIGC 已經在傳媒、電商等數位化程度高的領域率先發展。未來，AIGC 將會全面「開花」，塑造數位內容生產與互動的新模式，為網際網路內容生產建設底層基礎設施。

4.1.2　創投機構入局，多家 AIGC 創業公司獲投資

　　AIGC 能夠降低創作門檻，為各行各業的內容創作提供便利。AIGC 成為熱門投資領域，許多創投機構紛紛入局，多家 AIGC 創業公司獲得投資。下面整理了幾家獲得資本青睞、具有發展潛力的 AIGC 初創公司，如圖 4-1 所示。

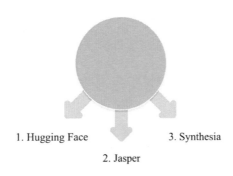

1. Hugging Face　　　3. Synthesia

2. Jasper

圖 4-1　AIGC 初創公司

1·Hugging Face

Hugging Face 是一家創立於 2016 年的 AI 創業公司。公司的規模不大，致力於為年輕人打造一個娛樂型的聊天機器人。

2018 年，Google 推出預訓練模型 BERT，引發了許多使用者對機器學習的興趣。不久之後，Hugging Face 推出了一個建立在 pytorch 上、名為 pytorch-pretrained-bert 的 BERT 預訓練模型。這個預訓練模型簡單易用，受到許多使用者的喜愛，Hugging Face 因此獲得了進一步發展。

截至 2023 年 2 月，Hugging face 擁有將近 13.5 萬個預訓練模型，每天有超過 5 萬人下載預訓練模型。Hugging face 獲得了許多融資，2022 年 5 月，Hugging Face 順利完成了 C 輪融資，融資金額為 1 億美元。這表明資本對其未來發展前景十分看好。

2·Jasper

Jasper 是一家於 2021 年創立的 AI 公司。Jasper AI 是其主要產品，是一款內容創作工具，使用者可以使用 Jasper AI 進行智慧創作。Jasper AI 可以滿足使用者的任意需求，無論是爆炸性的標題，還是優美流暢的文

字，都能為使用者呈現。

Jasper AI 還能生成藝術作品。Jasper AI 會在使用者的要求下將文字轉換為對應的圖片，例如，使用者輸入「紅色的桌子」，Jasper AI 便會「畫」出一張紅色的桌子。

Jasper 公司創立僅 1 年，便擁有超過 7 萬名使用者，2021 年獲得了 4000 萬美元的收入。在融資方面，2022 年 10 月，Jasper 獲得了 1.25 億美元的融資。這筆資金用於打造核心產品、提升使用者體驗、實現產品與更多應用程式的融合等方面。

3· Synthesia

Synthesia 是一個創立於 2017 年的 AI 公司，啟動了和公司同名的影片生成專案。該專案主要是為使用者提供一個基於 AI 的智慧互動系統，其主創團隊成員均來自名牌大學，因為共同的夢想而聚集在一起。Synthesia 的主創團隊希望「以程式碼代替鏡頭」，在這樣的理念下，Synthesia 擁有一個簡潔明瞭的操作介面。

使用者使用 Synthesia 十分便利，只需要「挑選模板 —— 挑選主持人 —— 輸入文字」3 個步驟，便可以生成一個高品質的影片。Synthesia 還為使用者提供豐富的自定義選項，使用者擁有充足的選擇空間。Synthesia 擁有 25 個以上不同場景的模板，還提供多種語言、多個外貌不同的主持人供使用者選擇。

Synthesia 最重要的功能是「形象自定義」。使用者可以在 Synthesia 中輸入自己的特徵，並生成自己的形象，然後使用者就可以以自己的形象生成各類影片。Synthesia 的誕生，降低了使用者創作影片的門檻，節約了影片創作的成本。

Synthesia 受到廣大使用者的歡迎，吸引了許多志同道合的投資人。2021 年年底，Synthesia 完成了 B 輪融資，資金用於人臉合成技術及專案的開發。此輪融資結束後，Synthesia 的融資總額達 5000 萬美元。

AIGC 的發展帶來了許多創業機會，創業公司的湧現為使用者帶來了新產品，為 AIGC 的發展增添了新動能。

4.2　上中下 3 層架構，產業鏈清晰

從產業鏈來看，AIGC 可以分為上、中、下 3 層架構：第一層為基礎層，主要負責提供核心數據、開源演算法和基礎工具；第二層是中間層，擁有垂直化、個性化的演算法模型；第三層是應用層，擁有多樣的 AIGC 應用。

4.2.1　基礎層：以提供核心數據服務為主

目前，AIGC 產業鏈主要有 3 層架構。基礎層提供海量的數據，為 AIGC 的模型訓練提供各式各樣的數據服務。整體而言，AIGC 產業基礎層生態如表 4-1 所示。

表 4-1　AIGC 產業基礎層生態

層級	提供服務	代表服務商
基礎層	數據處理	Databricks、ClickHouse、帆軟等
	數據標註	Appen、Scale AI、Testin雲測等
	數據治理	OneTrust、光點科技等

如表 4-1 所示，AIGC 產業基礎層提供的數據服務包括數據處理、數據標註、數據治理。

1 · 數據處理

　　一般而言，數據庫有兩類：一類數據庫彙集各類數據但不做區分；另一類數據庫會分門別類地儲存數據。隨著技術的發展，供應商往往會將兩種數據庫結合，以打造完善的數據庫，使數據庫具有易用性和規範性，為使用者提供多元化的服務。從數據處理時效性的角度來看，提供數據處理服務的供應商包括非同步處理型企業和實時處理型企業兩類。數據處理包括數據提取、數據載入、數據轉換、數據整合等。根據處理方式的不同，提供數據處理服務的供應商又分為本地部署型企業和雲原生型企業兩種。

2 · 數據標註

　　無論哪種機器學習模型，都需要對數據進行標註、管理、訓練，從而形成演算法模型。當前市場上，Google 推出 AI 系統 LaMDA，與一家數據標註服務商合作；Meta 推出對話機器人 BlenderBot 3，與數據標註平台亞馬遜 MTurk 合作。不難看出，很多大模型的背後都有數據標註平台的支撐。在技術、需求的驅動下，數據標註公司藉助 AI 輔助標註、模擬模擬等技術不斷提高數據標註的品質和效率，為使用者提供更優質的服務。

3 · 數據治理

　　在 AIGC 蓬勃發展的數位經濟時代，數據是重要的生產數據。因此，數據資產管理需要有明確的規範，數據訪問、數據調取要合規。數據合規服務供應商可以為企業提供多樣的數據治理工具和定製化的數據治理方案，為企業的 AIGC 探索提供數據支撐。

4.2.2　中間層：垂直化、個性化的演算法模型

　　AIGC 產業中間層以預訓練模型為基礎，能夠形成垂直化、個性化的小模型，提升應用開發效率，降低開發成本。整體來看，AIGC 產業中間層生態如表 4-2 所示。

表 4-2　AIGC 產業中間層生態

層級	主要參與者	主要代表
中間層	AI實驗室	DeepMind、OpenAI等
	企業研究院	阿里巴巴達摩院、微軟亞洲研究院等
	開源社區	GitHub、Hugging face等

　　AIGC 產業中間層主要包括 3 類參與者。

1· AI 實驗室

　　演算法模型是 AI 系統進行智慧決策的關鍵，也是 AI 系統完成任務的基礎。為了更好地研究演算法，推動 AIGC 商業化落地，很多企業都打造了專業的 AI 實驗室。例如，Google 收購了 AI 實驗室 DeepMind，將機器學習、系統神經科學等先進技術結合起來，建構強大的演算法模型。

　　除了附屬於企業的 AI 實驗室外，還有獨立的 AI 實驗室。當下獲得諸多關注的 OpenAI 就是一個獨立的 AI 實驗室，致力於 AI 技術的開發。其推出的大型語言模型經過了海量數據訓練，可以準確地生成文字，完成各種任務。

2· 企業研究院

　　一些實力強勁的大型企業往往會設立專注於前沿科技研發的研究院，以加強頂層設計，建構企業創新的主體，推動企業進行新一輪變革。

例如，阿里巴巴達摩院就是一家典型的企業研究院，旗下的 M6 團隊專注於認知智慧方向的研究，釋出了大規模圖神經網路平台 AIiGraph、AI 預訓練模型 M6 等。其中，AI 預訓練模型 M6 功能強大，可以完成設計、對答、寫作等任務，在電商、工業製造、藝術創作等領域都有所應用。

3 · 開源社群

開源社群對 AIGC 的發展十分重要。它提供了一個程式碼共創的平台，支持多人合作，可以推動 AIGC 技術進步。

例如，GitHub 就是一個知名的開源社群，它可以透過不同程式語言託管使用者的原始碼專案。其主要有以下幾個功能：

（1）實現程式碼專案的社群稽核。當使用者在 GitHub 上釋出程式碼專案時，社群中的其他使用者可以下載和評估該專案，提醒其中存在的問題。

（2）實現程式碼專案的儲存和曝光。GitHub 是一個具有儲存功能的數據庫。作為一個體量龐大的編碼社群，GitHub 能夠實現程式碼專案的廣泛曝光，吸引更多人關注和使用。

（3）追蹤程式碼的更改。當使用者在社群中編輯程式碼時，GitHub 可以儲存程式碼的歷史版本，便於使用者檢視。

（4）支持多人合作。使用者可以在 GitHub 中尋找擁有不同技能、經驗的程式員，並與之合作共創，推動專案發展。

AIGC 產業中間層產出各種演算法模型，提供開源共創平台，為 AIGC 應用的研發賦能。

4.2.3 應用層：多樣的 AIGC 應用

　　AIGC 產業應用層聚集著很多可落地的 AIGC 應用。整體而言，AIGC 產業應用層生態如表 4-3 所示。

表 4-3　AIGC 產業應用層生態

層級	應用場景	代表企業
應用層	文本生成	OpenAI、Google、百度、阿里巴巴、科大訊飛、騰訊等
	圖片生成	StabilityAI、Shutterstock、阿里巴巴、快手、字節跳動等
	音訊生成	Google、OpenAI、Mobvoi、科大訊飛、網易、標貝科技等
	影片生成	Meta、Google、百度、商湯科技等
	其他	輝達、Google、網易、騰訊等

　　下面從應用場景入手，展現 AIGC 應用的巨大價值。

1・文字生成

　　文字生成是 AIGC 應用較為廣泛的一個場景。很多企業都從多個角度出發，透過 AIGC 文字生成技術提供行銷文案創作、智慧問答、新聞稿智慧生成等服務，賦能其他企業的業務拓展。

　　長期致力於 AI 領域產品研發的科大訊飛推出了一款智慧語音轉文字產品——「訊飛聽見 M1S」。其可以滿足高品質錄音需求，並透過智慧轉寫將音訊轉換成文字，滿足會議、採訪、培訓等多個場景的要求。

　　在 AI 藝術創作方面，科大訊飛推出了一款 AI 書法機器人。該機器人的外形象一個機械手臂，可以握住毛筆。在使用者選擇好想要它書寫的內容後，該機器人就會自動完成蘸墨、書寫等動作。基於 AI 創作的智慧性，該機器人不僅可以完成多種內容的書法創作，而且下筆遒勁有力，筆畫規範，字間距十分標準。

② · 圖片生成

相較於文字生成，圖片生成的門檻更高，傳遞的訊息更加直觀，商業化的潛力也更大。AIGC 圖片生成應用可以完成圖片生成、圖片設計、圖片編輯等諸多工，在廣告、設計等方面將帶來諸多機遇。

當前市場中已經出現了多種型別的 AI 繪畫工具，藉助這些工具，使用者的各種想像可以以圖畫的形式呈現出來。以 AI 繪畫軟體「夢幻 AI 畫家」為例，使用者可以進行畫面描述、選擇繪畫風格、設定繪畫尺寸，然後生成個性化的繪畫作品。

③ · 音訊生成

音訊生成類應用分為 3 種：音樂創作類、語言創作類、音訊定製類。許多公司都在音訊生成方面進行探索，推出各種智慧語音生成應用。

標貝科技在智慧語音生成領域深耕多年，推出了多樣化的音訊生成應用。2022 年，標貝科技更新了方言 TTS 定製方案，上線了東北話新音色。其透過大量的東北話語料不斷對語言模型進行優化訓練，實現了高品質的語音合成。在應用場景方面，標貝科技推出的智慧語音服務可以應用於智慧客服、語音播報等諸多場景，為使用者帶來優質體驗。

④ · 影片生成

影片生成也是 AIGC 的重要應用場景，細分應用場景包括影片編輯、影片二次創作、虛擬數位人影片生成等。這個領域中同樣聚集著不少科技企業。

例如，商湯科技推出了一款智慧影片生成產品。該產品基於深度學習演算法，可以對影片進行聲音、視覺等多個方面的理解，智慧生成影片。

同時，其也可以對影片進行二次創作，輸出高品質、風格鮮明的影片。

5・其他

除了以上 4 個方面外，AIGC 在遊戲、程式碼、3D 生成等方面也有廣闊的應用前景。在遊戲方面，AIGC 可以助力遊戲策略生成、NPC（Non-Player Character，非玩家角色）互動內容生成、遊戲資產生成等；在程式碼方面，AIGC 生成程式碼能夠代替人工的很多重複性勞動；在 3D 生成方面，輝達、Google 等網際網路大廠已布局，輝達推出了 Magic3D，Google 推出了 DreamFusion。

未來，隨著 AIGC 相關技術的發展和眾多企業的持續探索，AIGC 應用將更加多樣，將在傳媒、電商、金融等諸多領域實現落地。

4.3 引發變革：AIGC 助推多重變革實現

AIGC 技術的發展引發了多重變革。在數位內容生產方面，AIGC 能夠提高內容創作的品質與效率；在社會方面，AIGC 能夠提升社會創造力，使內容生產朝著高品質的方向發展。此外，在產業發展方面，合成數據將提供優質數據來源，為未來的 AI 模型訓練提供更好的數據支持。

4.3.1 引發數位內容生產變革，提高生產效率

數位內容產業是科技與文化融合而成的產業，具有極高的產業爆發力與社會影響力。而 AIGC 與數位內容產業的碰撞，將會引領新一輪變革，提高內容生產效率。AIGC 給數位內容生產領域帶來的變革主要表現在以下 4 個方面：

（1）AIGC 成為新型的數位內容生產基礎設施，能夠建構數位內容生產與互動的新正規化。當前，AI 已滲透內容生產領域，不僅在文字生成、圖片生成等領域有類人的表現，還基於大模型訓練展示出強大的創作潛能。基於 AIGC 的賦能，創作者可以擺脫技法的限制，輕鬆展示創意。

AIGC 滿足了消費者對多元化數位內容的強需求。由於數位內容消費結構更新，影片類數位內容的市場規模持續增加，短影片和直播流行。這使得在消費端深受使用者歡迎的影片內容變成一種源源不斷產出的「快消品」。影片內容創作需要更加智慧、高效的方式，AIGC 成為數位內容生產的基礎設施。

（2）AIGC 在內容生成方面具有巨大優勢，促進內容消費市場更加繁榮。一方面，AIGC 可以智慧生成海量、高品質的內容。AI 模型可以基於海量數據的訓練，學習多樣的內容創作模式，產出豐富的高品質內容。另一方面，AIGC 將豐富數位內容的多樣性。AI 模型不僅可以生成文字、圖片、影片等多種內容，還可以衍生出不同的內容風格。例如，AI 模型可以創作寫實風格、抽象風格的畫作，創作現實風格或超現實風格的影片等。

（3）AIGC 將成為 3D 網際網路建設的重要工具。隨著技術的更新，網際網路將從平面走向立體，而 AIGC 將加速 3D 網際網路的實現。AIGC 能夠為 3D 創作賦能，提升 3D 虛擬場景搭建、3D 形象創作的效能。

當前，已經有企業在 AIGC 生成 3D 內容方面進行了探索。例如，Google 在 2022 年釋出了一款文字轉 3D 內容的 AI 模型，但從效果來看，還有很大的進步空間。

（4）智慧聊天機器人和虛擬數位人打造了新的互動方式，給使用者帶

來了全新的互動體驗。自從聊天機器人產品 ChatGPT 火爆網路，不少企業都嘗試藉助 OpenAI 的語言模型推出自己的聊天機器人產品。例如，社交媒體 Snapchat 基於 OpenAI 的語言模型，在 2023 年 2 月上線了聊天機器人「My AI」，向使用者提供智慧對話服務。

AIGC 降低了虛擬數位人的製作門檻，使用者可以藉助 AIGC 智慧生成超寫實的虛擬數位人。同時，AIGC 可以提高虛擬數位人的識別感知、分析決策等能力，使其神情、動作更似真人。

4.3.2　引發社會變革，提升社會創造力

AIGC 正在以不可阻擋的態勢給社會帶來變革，主要展現在解放人力、激發創造力方面。AIGC 能夠以高效率、低成本的智慧化內容生產滿足使用者的個性化需求，完成較為基礎的創作工作，解放人力。在深入各領域的過程中，AIGC 將催生新業態，形成「AIGC+」的社會效應。

AIGC 強大的內容生成能力，使其能夠高效、高品質地創造出海量內容。以繪畫為例，畫家需要花費數天才能完成的畫作，AI 在幾分鐘內就能智慧生成。這能夠解放人力，讓人們將時間用於更具創造性的工作。

當前，AIGC 可以智慧創造內容，如智慧作畫、智慧生成影片等。但 AIGC 並不具有創造力，只是基於深度學習進行模仿式創新。AIGC 背後的創作者是人類，但 AIGC 依舊是有意義的，其能夠作為輔助手段，提升人類的創造力。AIGC 的價值就是能夠完成基礎性創造工作，解放人力。

AIGC 為人們提供了新的創作工具，變革了內容創作模式。畫師在繪畫時，可以先將關鍵詞輸入 AI 繪畫程式，得到繪畫方案後再進行創作；作家在寫作時，可以基於 AI 生成內容框架，再進一步優化內容。這展現

了 AIGC 給內容生產方式帶來的變革。

　　例如，基於 AIGC 的應用，文物修復方式發生了變革，可以實現文物在數位世界的重塑和再造。騰訊藉助 360°沉浸式展示技術、AI 技術等，實現對文物的數位化診療。在敦煌壁畫修復方面，由於壁畫種類多、損壞原因多樣，因此難以制定出統一的壁畫修復方案，並且人工修復的成本很高。而 AIGC 為壁畫修復提供了新方案。

　　騰訊透過深度學習壁畫損壞數據，打造了一種先進的 AI 壁畫病害識別工具，在此基礎上提供系統的解決方案。在修復環節，騰訊還推出了沉浸式遠端會診系統，全方位展示文物的細節，讓身處異地的專家可以清楚地檢視文物情況，實現遠端文物會診。

　　未來，隨著 AIGC 應用場景的拓展，其將推動更多行業的生產方式發生變革，給人們的生活帶來便利，加速社會發展。

4.3.3　合成數據提供優質數據來源

　　ChatGPT 模型的訓練需要基於大量的數據進行，以提升 AI 模型的精準性，這要求訓練數據涵蓋多個訓練場景。如果缺失某個場景的數據，模型就不具備理解該場景的能力，而合成數據能夠彌補這種欠缺。合成數據指的是由電腦模擬技術或電腦演算法生成的數據，可以建立型別豐富的數據集，從而生成廣泛覆蓋的 AI 模型。合成數據能夠為 ChatGPT 提供優質的數據來源。

　　一方面，合成數據為 AI 模型訓練提供數據基礎。AI 的發展離不開數據，但數據存在品質參差不齊、標準不統一等問題。電腦演算法生成的合成數據可以為 AI 模型的訓練提供數據基礎，解決 AI 模型訓練面臨的種種

數據難題。

（1）解決數據匱乏、數據品質等問題，透過合成數據提升基準測試數據的品質。

（2）解決數據安全問題，避免使用者隱私洩露。

（3）保證數據多樣性，反映更加真實的現實場景。

（4）提高 AI 模型訓練速度和效果。

總之，合成數據可以高效生產 AI 模型訓練所需的訓練數據、測試數據等各種數據，拓展 AI 應用的可能性。

另一方面，合成數據拓展 AI 應用場景。合成數據在發展的早期主要應用於自動駕駛、安防等領域。在這些場景中訓練 AI 模型並不容易，因為 AI 模型需要海量的標註數據，但在這些場景中獲取真實數據比較困難。例如，在自動駕駛領域，由於道路場景多種多樣，自動駕駛系統難以在現實中實現對所有場景的訓練，需要藉助合成數據，才能夠獲取更多場景的數據。

一些企業嘗試透過模擬引擎獲取海量的訓練數據，例如，騰訊推出的自動駕駛模擬系統能夠生成多樣化的交通場景數據，為自動駕駛系統的訓練提供數據支持。

除了自動駕駛領域外，合成數據在金融、醫療等領域也有所應用。在金融領域，生成式 AI 可以低成本地提供規模化的數據，同時保障數據隱私；生成對抗網路廣泛應用在欺詐檢測、交易預測等場景中。在醫療領域，合成數據可以推動醫療 AI 的發展。醫療機構可以利用合成的基因數據、醫療數據等進行研究，推動醫學的發展。未來，隨著數據合成技術的發展，AI 應用場景將進一步拓展，在更多場景落地。

合成數據對於 AI 的發展具有重要價值，這使得合成數據成為企業爭相布局的新賽道。輝達是其中的典型代表，其基於虛擬合作開放平台 Omniverse 推出的合成數據生成引擎 Omniverse Replicator 具備數據合成能力，可以為 AI 演算法訓練提供技術支援。

在 Omniverse 平台中，使用者可以建立虛擬環境，並在其中訓練機器人。在虛擬世界中訓練機器人的結果可以同步到現實世界中的機器人身上，實現快速應用。此外，Omniverse 平台提供多種模擬場景，支持使用者進行自動駕駛系統的訓練。

不僅實力強勁的科技大廠紛紛布局，一些創業者也將合成數據賽道作為創業的新陣地。相關統計數據顯示，截至 2023 年 2 月，全球合成數據創業公司已經突破 100 家。這些創業公司受到了資本的追捧，不少公司已經獲得融資。未來，在創業公司以及資本的共同助推下，合成數據服務將越來越多樣化、專業化。

4.4　產業投資展望：關注技術與應用

AIGC 產業的爆紅吸引了不少投資者的關注。那麼投資者可以關注 AIGC 產業的哪些投資方向？具體而言，投資者可以關注技術與應用兩大方向。

4.4.1　關注技術，聚焦 AIGC 基建

技術是推動 AIGC 發展的關鍵因素，不少科技企業都加大 AIGC 相關技術的研發力度，並獲得了一些階段性成果。這些企業擁有很大的發展潛

力，是投資者需要重點關注的對象。例如，在 AIGC 基礎設施方面具有技術優勢的商湯科技、在數據服務方面具有技術優勢的海天瑞聲等。

1·商湯科技

商湯科技是 AIGC 領域模型訓練的算力提供商，打造了集智慧算力、通用演算法、開發平台於一體的新型基礎設施 —— SenseCore。SenseCore 支持 AI 模型的規模化量產，降低生產成本，讓 AI 賦能更多領域。

憑藉在電腦視覺領域累積的優勢，商湯科技在智慧生成內容方面具備多種核心技術，如表 4-4 所示。

表 4-4　商湯科技在智慧生成內容方面具備的核心技術

核心技術	具體內容
2D/3D 關鍵點驅動	在遮擋、暗光等場景下對數位人面部、肢體的 2D/3D 關鍵點進行追蹤，為後期特效渲染提供支持
虛擬穿戴	透過肢體 2D/3D 關鍵點追蹤和後期渲染，實現虛擬試衣、虛擬試鞋等功能
數位人	支持超寫實 2D/3D 數位人的訂製化生產，並透過深度模型對數位人進行口型、肢體驅動及超寫實渲染，同時支持多模態人機交互
肖像風格化	可以將影片或圖片中的肖像轉換為動漫風格、手繪風格等多種特定風格的肖像
圖像或影片編輯	基於圖像生成技術，對圖片或影片進行編輯，如妝容編輯、髮型編輯等

商湯科技透過 AIGC 技術打造了 AI 創意影片生產平台 —— 商湯智影，可以實現影片換背景、影片分析、影片批次生產等。

2·海天瑞聲

數據對 AI 大模型訓練十分重要。海天瑞聲從數據入手，提供專業的數據服務。海天瑞聲擁有近千個數據成品庫，包含近 200 種語言，覆蓋虛擬主播、智慧搜尋等諸多業務場景。

表 4-5　海天瑞聲 AI 數據服務

數據服務	內容
數據採集	實現全球優質資源布局，進行近200種語言的採集，多場景圖像和影片採集，多行業文本語料製作。在電腦視覺領域，可實現2D、3D、紅外等數據的採集
數據標註	可以為企業AI研發提供測試和數據標註服務，幫助企業快速部署機器學習項目，提升模型性能；擁有完善的數據標註平台和標註、審核、質檢機制，匯聚全球數十個國家的資源，助力企業提升核心競爭力
數據評測	提供近200種語言的系統評測服務，幫助企業打造語音合成產品
方案設計	基於在訓練數據領域的深耕，在企業拓展業務、進入新市場時為其提供數據方案設計服務，助力企業制定與自身算法模型匹配的方案

　　海天瑞聲 AI 數據服務涉及數據採集、數據標註、數據評測、方案設計等多個方面，可以應用於自然語言處理、電腦視覺、語音識別等多個場景中。海天瑞聲 AI 數據服務如表 4-5 所示。

　　投資者可以關注商湯科技、海天瑞聲等在 AIGC 基礎設施方面有所建樹、擁有技術與業務優勢的技術廠商，尋找投資機會。

4.4.2　關注應用，深挖 AIGC 應用背後的企業

　　當前，不少聚焦 AIGC 應用的企業都宣布了自己的研發計劃，或公布了當下的階段性成果。這些企業擁有不錯的發展前景，值得投資者關注。這方面的代表性企業有很多，如下所示。

1· 科大訊飛

　　科大訊飛在 AIGC 領域早有布局。2022 年初，科大訊飛推出了「訊飛超腦 2030 計劃」，加深多模態感知、多模態表達等技術的融合應用。這為其 AIGC 業務的進一步拓展奠定了堅實的基礎。

　　「訊飛超腦 2030 計劃」進一步拓展了科大訊飛的智慧機器人業務，面

向元宇宙、數位世界和物理世界推出以多模態互動、模型訓練、智慧運動、軟硬體接入、資產生成和 AI 能力星雲為核心的機器人開發平台，為 AI 開發者提供善學習、懂知識、能進化的虛擬數位人產品和實體機器人產品，使機器人能夠更快地融入各個行業。

2・金山辦公

「WPS 智慧寫作」是金山辦公在 AIGC 時代推出的一款幫助使用者提升寫作效率和品質的智慧辦公產品。該產品以自然語言處理技術為核心，打造靈活、高效的智慧寫作機器人，具有輔助成稿、句子智慧補寫、文字智慧校對和文字自動生成等多項功能。WPS 智慧寫作顛覆了傳統的寫作模式，開啟了 AI 智慧寫作新時代。

3・同花順

同花順是業內領先的金融訊息服務提供商。同花順在 AI 領域深耕多年，持續加大研發投入。

同花順官方數據顯示，2018 —— 2022 年，同花順持續在 AI 方面加大研發投入，研發費用逐年增加，以發展 AI 技術。2022 年，同花順研發費用達 10.7 億元，占營業收入的 30%，在機器學習、自然語言處理、影像識別等領域已形成深厚累積。

在金融領域，同花順是較早布局 AIGC 產品和服務的企業，打造了智慧投資顧問和智慧金融問答產品。

在智慧投資顧問方面，同花順推出了智慧機器人顧問。該機器人熟練掌握財經知識，能夠為使用者提供個性化的財經知識普及和講解服務。這開啟了 AIGC 在金融領域發展的新紀元。

同花順還針對使用者業務的真實場景，採用人機結合的服務模式，打造出系統、全面的投資顧問輔助系統。此外，同花順還推出了資產配置智慧服務，該服務能夠結合產品特徵、使用者畫像和使用者風險等要素對金融服務或產品進行風險測評，為使用者提供個性化的理財方案，並持續跟蹤使用者需求，更好地服務使用者。

在智慧金融問答領域，同花順藉助自然語言處理技術，不斷記錄、分析金融市場訊息，為使用者提供更加及時、精準、專業的金融問答服務。

4·拓爾思

拓爾思藉助 AI 訊息檢索、知識推理和自然語言處理等技術，推出了小思智慧問答機器人系統，透過問題分類、問題解析、訊息搜尋、提取備選答案、搜尋答案證據、計算證據強度等一系列流程，解答問題並實現人機互動。小思智慧問答機器人系統被廣泛應用於行業知識問答、企業智慧客服和政府智慧問答等多個領域。

5·雲從科技

雲從科技不斷布局 AIGC 內容創作和虛擬互動領域。在內容創作領域，雲從科技與第三方企業合作，憑藉自身在自然語言處理、知識計算和大數據等方面的優勢，對海量的影片內容進行分析、提煉和再創作，低成本、高效率地滿足使用者的個性化需求。

雲從科技在光學字元識別、自然語言處理、語音識別和機器視覺等多個領域應用預訓練大模型，不僅提升了核心演算法的效能，還提升了演算法生產效率。預訓練大模型已經在金融、智慧製造和城市治理等多個領域得到廣泛應用，展現出巨大的價值。

此外，雲從科技還深入布局人機協同領域，搭建具備思考能力和工作能力的人機協同作業系統，推動了語音、視覺和自然語言處理等多個領域的大模型的整合。

6．格靈深瞳

格靈深瞳依託電腦視覺技術，在影像收集和處理領域具備獨特的優勢。格靈深瞳智源視覺計算平台具備精細化的大數據識別和分析能力，能夠實現多場景智慧識別、多種屬性提取和數據分析。格靈深瞳靈犀數據智慧平台融合智慧數據輸入、智慧數據分析和智慧數據治理等功能，能夠實現影片結構化、人臉識別、人臉布控和影片影像解析，推動數據向更加智慧化的方向發展。

格靈深瞳的「深瞳大腦」是企業核心技術的驅動平台，包含訓練平台和數據平台，具體可以細分為數據標註、模型訓練和數據管理等模組，賦能企業 AI 產品和解決方案更新。

7．漢王科技

漢王科技在 AIGC 領域已經有所布局，例如，開發了智慧專家問答系統，為圖書館中讀者的諮詢提供系統的解決方案。智慧專家問答系統具備良好的開放性，具備後臺管理等多重許可權和績效統計功能，能夠為讀者提供良好的服務體驗。漢王科技實現了讀者提問和問題庫的智慧匹配，能夠處理角色化的工作流，推動圖書館業務與服務改進。

漢王科技還推出了漢王智慧建檔方案。該方案基於漢王在 AI 領域長期累積的經驗，深度融合人臉識別、自然語言處理、光學字元識別和區塊鏈等技術，實現數據化、智慧化、數位化和知識化的檔案建設，使檔案的價值能夠被深度挖掘出來。

隨著眾多企業在 AIGC 下游應用方面不斷深入探索，AIGC 下游應用市場將持續拓展，AIGC 應用將釋放出更大的價值，推動 AIGC 產業繁榮。

4.5　產業發展挑戰：仍有一些問題待解決

現階段，AIGC 產業發展勢頭良好，不斷有新的專案湧現，為其注入動力。但是從整個 AIGC 產業結構來看，其在發展中仍面臨一些挑戰，包括數據挑戰、隱私安全挑戰和倫理挑戰。

4.5.1　數據挑戰：數據品質與數據合規性

ChatGPT 在與多個領域深度融合的同時，也存在一定的局限性。例如，ChatGPT 的回答品質受到訓練數據的品質與數量的影響，如果沒有足夠的訓練數據，那麼其可能無法生成優質的回答。因此，ChatGPT 面臨數據品質與數據合規性的挑戰。

有些專家認為，AIGC 生成內容的品質與數據的品質有關，如果使用者想要提高 AIGC 在某一領域輸出內容的準確性與可靠性，就需要保證訓練數據完整、精確。以金融領域為例，金融領域的知識體系龐大，AIGC 技術需要全面理解這些知識，才能夠生成準確、專業的回答。同時，金融機構使用 AIGC 技術需要接受相關部門的監管，以確保數據的合規性。

ChatGPT 作為大語言模型，數據是核心，但是數據的品質、合規性和安全性仍然很難把控。在 ChatGPT 受到使用者熱捧的同時，許多金融機構為了保障數據安全而對 ChatGPT 釋出了禁令。例如，摩根大通、花旗集團和高盛集團等禁止員工在工作時使用 ChatGPT。

有些專家認為，在國內，AIGC 與行業全面融合是一大趨勢，但是需要謹慎選擇 AIGC 產品。如果金融機構需要使用 AIGC 產品進行數據分析，就需要上傳大量使用者數據，使用者的數據安全面臨極大的挑戰。

雖然 AIGC 朝著商業化的方向發展，但是一些關鍵技術不成熟、面臨數據品質與數據合規性的挑戰等問題，使其難以在短時間內實現大規模商業化，距離其廣泛落地還有很長的路要走。

4.5.2　隱私安全挑戰：避免使用者數據洩露

在 AIGC 商業化的過程中，隱私安全問題無法避免，其中最重要的是使用者數據洩露問題。如何避免使用者數據洩露，成為 AIGC 保障使用者隱私安全的關鍵。

AI 模型的訓練數據大多來源於網路，其中可能包含使用者的個人數據，導致使用者隱私數據有洩露的風險。例如，GPT-2 就曾發生過洩露使用者隱私數據的事情，不法分子只需要輸入一串程式碼，GPT-2 就會生成一段包含使用者姓名、電話、地址等真實訊息的文字，嚴重侵犯了使用者的隱私。

同時，AIGC 可能遭到惡意使用。AIGC 技術可以生成多種虛擬形象與數字身分，不法分子可能會趁機盜取使用者的身分，給使用者造成經濟損失或者侵犯使用者的人格。

當 AIGC 應用遭受攻擊或產生「數據中毒」問題時，使用者數據就存在洩露的風險。即使是使用者主動將自己的數據交給 AI 模型服務提供商，AI 模型服務提供商也應該利用現有技術保護這些數據，避免使用者隱私數據洩露。

　　針對以上安全挑戰，許多科技企業推出了治理措施。例如，對於影片、人臉偽造等問題，一些企業推出了檢測工具。騰訊推出的甄別技術 AntiFakes 可以辨別出技術合成的「假臉」，並對真實的人臉進行分析，判斷影片是否借用了公眾人物的形象，以評估影片的風險等級。

　　當前，一些應對 AIGC 隱私安全挑戰的策略與技術已經實現了應用。未來，隨著策略的更新和技術的疊代，AIGC 隱私安全風險有望被扼殺在搖籃中。

4.5.3　倫理挑戰：潛藏的倫理問題值得關注

　　技術的發展為各個主體帶來更多的發展機遇，但也引發一些倫理問題。AIGC 在帶來具有革命性的 AI 創作工具的同時，也存在一些潛藏的倫理問題，如圖 4-2 所示。

算法歧視仍然存在　01

02　利用AIGC生成他人存在倫理問題

AIGC模型是否存在自我意識的爭議　03

圖 4-2　AIGC 產業發展面臨的倫理挑戰

1．演算法歧視仍然存在

　　演算法歧視問題一直是 AI 創新和應用中無法迴避的倫理問題。雖然預訓練模型具有多元且全面的數據和引數，但是以預訓練模型為基礎

的 AIGC 仍然存在比較嚴重的演算法歧視問題，例如，預訓練語言模型 GPT-3 生成的內容存在性別歧視問題。

②·利用 AIGC 生成他人存在倫理問題

AIGC 技術有時會被用於生成逝者，這引發了公眾對於倫理問題的討論。例如，國外的一期播客節目曾經嘗試「復活」史蒂夫·賈伯斯，利用 AI 生成對話。節目一經播出便引發了熱議，許多人認為這侵犯了史蒂夫·賈伯斯的隱私權和代理權。如果一個人已逝，那麼節目組是否可以隨意模仿逝者並以逝者的語氣發言？這會引發嚴重的倫理問題。

③·AIGC 模型是否存在自我意識的爭議

AIGC 模型是否存在自我意識存在很大的爭議，不同的人對此持有不同的意見。Google 的某位 AI 工程師認為，語言模型 LaMDA 具有自我意識，不僅如同人類一般懼怕死亡，還擁有靈魂，對《悲慘世界》情有獨鍾。但是 Google 發言人認為，沒有證據表明 LaMDA 有靈魂。目前，AI 已經成為社會生活中的重要工具，因此，人們需要對 AI 有準確、客觀的認識，在人機互動中以人為中心，避免 AI 操控人類。

面對演算法歧視問題，過去在 AI 公平性治理中採取的通用性應對措施在 AIGC 大模型上運用存在一定的困難，業內仍在努力尋找解決方案。例如，國外某機構對大型語言模型進行整體評估，從準確性、校準、公平性等多個維度出發，提高了語言模型的透明度。

針對演算法歧視、AIGC 生成逝者的倫理問題以及 AIGC 模型是否存在自我意識的爭議，相關方需要從科技向善的角度出發，進行技術創新，不斷探索解決方案。

第 5 章　商業展望：
ChatGPT 商業化之路雛形已現

AIGC 技術在發展中完成了深厚的技術累積，這使得 ChatGPT 在 B 端與 C 端實現商業化的條件已經成熟。未來，以 ChatGPT 為代表的 AIGC 應用將會更好地服務 B 端與 C 端，提升其運作效率。

5.1　ChatGPT 商業化：B 端與 C 端商業化條件成熟

ChatGPT 實現商業化是響應市場需求的必然結果。對於 C 端來說，以 ChatGPT 為代表的 AIGC 應用已經能夠進行大規模的內容生產，並且滲透多個行業，包括 AI 繪畫、AI 寫作等。對於 B 端來說，文娛走向碎片化、輕量化，使用者的需求不斷增加，傳統生產方式已經無法滿足市場需求，需要 ChatGPT 輔助生產，實現降本增效。

5.1.1　供給側與需求側不斷發展，為大規模商業化奠基

ChatGPT 的火熱是生產力不斷提高、使用者需求不斷增加的結果。ChatGPT 的發展離不開供給側與需求側的發展，這兩方面為其大規模商業化奠定基礎，具有重要意義。

在供給側，ChatGPT的火熱離不開深度學習的發展。在AI發展初期，AI 演算法需要按照模板執行，創造力低下，只能夠從事一些重複度高的

工作。隨著深度學習演算法的疊代，以及神經網路規模不斷增長，AI 的智慧化程度提高，可以執行非模板化的工作。

在需求側，使用者日益增長的數位內容需求為 ChatGPT 的發展提供了條件。PGC、UGC 的創造能力有限，無法在產能與品質之間獲得平衡。而 ChatGPT 可以在生產優質內容的同時兼顧效率與價效比，滿足市場的需求。

以 ChatGPT 為代表的 AIGC 應用已經在許多領域實現落地，例如，教育、電商、傳媒、工業製造等數位化程度比較高的領域。在教育領域，AIGC 可以為教師提供全新的教學形式，使平面的課本立體化，也可以打造虛擬教師，為教學增添更多趣味；在電商領域，AIGC 能夠幫助商家打造虛擬賣場與虛擬主播，為使用者提供沉浸式購物體驗；在傳媒領域，ChatGPT 能夠幫助從業者分擔寫稿、生成字幕等工作；在工業製造領域，大量重複勞動將由 AI 取代，提高生產效率，實現智慧製造。

ChatGPT 作為供給端與需求端共同推動的產物，將會由部分行業向全行業蔓延，在未來實現大規模商業化。

5.1.2　To B 商業模式：開放 API 介面，吸引合作

2023 年 3 月 1 日，OpenAI 宣布了一項重大訊息：開放 ChatGPT API，企業可以將 ChatGPT 與自己的軟體、服務融合。這十分有利於企業發展，企業可以在 ChatGPT 的基礎上開發應用。更重要的是，ChatGPT API 的價格低於其他語言模型。OpenAI 吸引了許多企業與其合作，開闢了 ChatGPT 的 To B（To Business，面向企業）商業模式。

API 能夠作為「仲介」實現不同應用之間的通訊。使用者在日常生活

中經常接觸到硬體介面，往往接入某個介面就能實現某種功能。應用程式程式設計介面也是如此，能夠將應用的功能如同盒子一般封裝起來，只留一個介面，使用者接入這個介面便可以使用應用的功能。使用者在使用應用的功能時，無須知道這些功能如何實現，僅需按照開發者設定的流程呼叫功能即可。

ChatGPT API 由一個名為 GPT-3.5-turbo 的模型提供支持。OpenAI 方稱，在處理數據方面，這個模型比 ChatGPT 與 GPT-3.5 模型更加迅速、準確。OpenAI 對 ChatGPT API 進行了系統範圍內的優化，其定價十分低廉，1000 個 Token 僅需 0.002 美元。

ChatGPT API 開放後，已經有幾家企業與其合作，建立聊天介面。例如，Snapchat 基於 ChatGPT API 推出聊天機器人「My AI」。這項功能僅限「Snapchat+」訂閱使用者使用，可以為使用者提供建議，輔助使用者進行內容創作。截至 2023 年 2 月，Snapchat 的月活躍使用者達到 7.5 億。

Shopify 是一個電商服務平台，藉助 ChatGPT API 為其應用程式 Shop 建立了一個智慧導購。使用者使用 Shop 搜尋產品時，智慧導購會基於其需求為其提供個性化推薦。智慧導購每天會對上百萬種產品進行掃描，幫助使用者快速找到他們需要的產品，簡化購物流程。

Quizlet 是一個全球性的學習平台，其與 OPenAI 合作，在詞彙學習、實踐測試等方面運用 GPT-3 模型。在 ChatGPT API 開放後，Quizlet 推出了 AI 教師──「Q-Chat」。Q-Chat 可以幫助學生依據學習數據提出自適應問題，和學生進行有趣的聊天互動，引起學生的興趣。

ChatGPT API 為廣大開發者開啟了新世界的大門，未來，OpenAI 將會不斷改進其他 ChatGPT 模型，為開發者提供更多可以選擇的模型。

5.1.3　To C 商業模式：根據產出計費 + 訂閱制

在全球範圍內，AIGC 賽道的熱度不減，而 ChatGPT 作為具有代表性的 AIGC 應用，已經實現了 To C（To Consumer，面向個人）端應用。在 To C 端，ChatGPT 的商業模式主要分為兩種：一種是根據產出計費；另一種是軟體訂閱付費。

（1）根據產出計費。這種商業模式更適用於應用層，例如，按照圖片數量、計算數量或者模型訓練次數收費。這種商業模式執行的關鍵在於，如何促使使用者復購。根據產出計費會受到許多因素的影響，例如，是否獲得版權授權、版權授權的方式是什麼、是否支持商用等。這些不穩定的因素十分影響根據產出計費的商業模式的發展。有關機構預測，到 2027 年，根據產出計費的商業模式的市場占有率將會從 60% 降到 32%。

（2）軟體訂閱付費。ChatGPT Plus 使用的便是這種商業模式，每個月向使用者收取 20 美元的軟體訂閱費用。AI 寫作軟體 Jasper 使用的也是這種商業模式，設定了初級、高級和定製 3 種收費模式，使用者可以根據自己的需求選擇。該模式使其成立當年便獲得 4000 萬美元收入與 7 萬名使用者。

隨著 AI 技術日趨成熟，C 端的 ChatGPT 產業鏈不斷完善，AI 業務模式將朝著更加多元化的方向拓展，ChatGPT 將助力各大業務和產業更新。

5.1.4　ChatGPT+ 搜尋引擎：微軟打造 ChatGPT 版必應

微軟作為 OpenAI 的主要投資者，對 ChatGPT 的期望很高。微軟將 ChatGPT 與旗下傳統搜尋引擎必應（Bing）相結合，吸引更多使用者。

2023 年 2 月 10 日，微軟發布了 ChatGPT 版必應搜尋引擎和 Edge 瀏覽器，以 ChatGPT 為基礎為使用者提供了一個與瀏覽器和搜尋引擎對話的新方式，以提高使用者的搜尋體驗與瀏覽效率，滿足更多使用者的個性化需求。

ChatGPT 版必應與傳統搜尋引擎大不相同，主要具有以下特點：

（1）智慧理解與回應。ChatGPT 的理解力強，能夠全面理解使用者的意圖。無論使用者使用的是什麼語言，還是縮寫、口語，ChatGPT 都能夠根據使用者的情感、意圖、偏好，運用文字、圖片、影片等多種形式進行回答。ChatGPT 版必應既能夠直接回答使用者提問，又能夠根據上下文對話挖掘更多細節，對使用者的潛藏問題進行回答。

（2）提供個性化推薦與建議。ChatGPT 版必應能夠根據使用者的各種網路訊息，如搜尋歷史、位置、興趣愛好等，為使用者提供個性化內容，包括新聞、影片、產品、服務等。這樣的推薦能夠幫助使用者發現更多有價值的訊息。ChatGPT 版必應在回答使用者問題後，會為使用者的下一步操作提供一些建議，提高使用者的搜尋效率與滿意度。

（3）創意生成和娛樂。ChatGPT 版必應可以作為創意生成與娛樂平台。使用者在與 ChatGPT 版必應對話的過程中，能夠獲得許多有趣的內容，還能夠了解許多知識，如詩歌、故事、名人事蹟等。根據使用者的搜尋偏好，ChatGPT 版必應會為使用者生成不同的內容，為使用者提供獨特的學習與娛樂方式。

ChatGPT 版 Edge 瀏覽器的 5 個優點，如圖 5-1 所示。

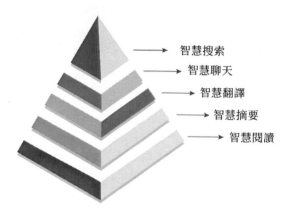

圖 5-1　ChatGPT 版 Edge 瀏覽器的 5 個優點

（1）智慧搜尋。根據使用者的搜尋記錄，ChatGPT 版 Edge 瀏覽器可以自動補全使用者的搜尋內容並為使用者推薦相關的網站，提高使用者搜尋的效率與準確性。

（2）智慧聊天。ChatGPT 版 Edge 瀏覽器具有智慧聊天功能，能夠與使用者交流，為使用者提供他們感興趣的內容。

（3）智慧翻譯。ChatGPT 版 Edge 瀏覽器支持多種語言轉換，會對網頁的語言進行檢測，並翻譯成使用者要求的語言。

（4）智慧摘要。ChatGPT 版 Edge 瀏覽器能夠為網頁生成簡潔、清晰的摘要，滿足使用者快速獲取訊息的需要。

（5）智慧閱讀。ChatGPT 版 Edge 瀏覽器將使用者的喜好放在首位，能夠為使用者推薦符合他們喜好的書籍，並及時根據使用者的回饋進行演算法優化，使推薦更加精準。

微軟將 ChatGPT 嵌入搜尋引擎與瀏覽器，對它們進行更新，優化傳統的搜尋引擎，滿足使用者的多樣化需求。

5.1.5　新媒體大廠 BuzzFeed 將 ChatGPT 引入內容創作

2023 年 1 月 6 日，新媒體大廠 BuzzFeed 宣布與 OpenAI 合作，將 ChatGPT 應用於編輯與業務營運中，增強內容創作實力，為使用者提供更多個性化的內容。而 Meta 為其提供了上百萬美元的資金支持。在 BuzzFeed 宣布合作訊息後，其股價飆升，兩天內上漲 300%，顯示出市場對 ChatGPT 的看好。

BuzzFeed 是一個於 2006 年創立的新聞聚合網站，主要功能是整合熱門訊息並提供給使用者，是媒體行業中的佼佼者。

2021 年，BuzzFeed 與一家 SPAC（Special Purpose Acquisition Company，特殊目的併購公司）公司合併上市，並以盈利為目的，採取了一系列擴大創作者群體的措施，顯示了對內容創作的重視。而 BuzzFeed 與 OpenAI 的合作，是其將 AI 作為核心業務的具體展現。

BuzzFeed 的負責人表示，公司將使用 OpenAI 開放的 API 對使用者進行全新的個性測試，根據測試結果為使用者提供個性化的內容。

BuzzFeed 的負責人希望使用者能夠成為想法、創意的提供者，在 AI 的輔助下高效地進行內容創作。未來，AI 的功能將會進一步拓展，能夠創作型別更豐富、品質更高的內容。

5.2　機遇之下，海內外科技大廠布局新藍海

AI 賽道的火熱引起了許多網際網路大廠的關注，微軟、Google、百度、阿里巴巴、崑崙萬維等企業紛紛布局，搶占新藍海，贏得紅利。

5.2.1　微軟：加大投資，深度連結 OpenAI 和 ChatGPT

作為一家國際知名的科技公司，微軟一直在 AI 領域深入探索，透過投資布局走在技術前沿。例如，微軟先後對 OpenAI 進行了 3 次投資，深度連結 OpenAI 與 ChatGPT，積聚 AIGC 實力。

OpenAI 釋出的 ChatGPT 獲得了廣大使用者的喜愛，僅僅 5 天，使用者便突破百萬。雖然 OpenAI 在 2022 年末才顯示出強大的實力，但早在 2019 年，微軟便與 OpenAI 合作，實現資源互補。OpenAI 是微軟在 AI 領域較為重要的投資，微軟是 OpenAI 的重要合作夥伴和早期策略投資者，二者相輔相成，共同發展。

在資金方面，2019 年，微軟向 OpenAI 投資 10 億美元；2021 年，微軟向 OpenAI 追加了一筆投資；2023 年，微軟宣布將深化與 OpenAI 的合作，對其進行鉅額投資。

在計算資源方面，微軟為 OpenAI 提供超級計算系統，助力其研發 AI 產品，而 OpenAI 為微軟提供強大的 AI 能力支持，雙方合作共贏。

在應用開發方面，微軟宣布將 ChatGPT 與旗下所有產品全線整合，加強與 OpenAI 的合作。

在一系列布局下，微軟在 AIGC 領域積聚了強大的實力。AIGC 作為下一輪科技革命的開端，將會幫助多個領域的企業實現降本增效。而微軟的提前布局，能夠使其在激烈的市場競爭中搶占先機。

5.2.2　Google：產品接入 AIGC，自研類 ChatGPT 產品

Google 與微軟是多年的競爭對手，微軟憑藉投資 OpenAI 在 AIGC 領域搶占先機，Google 也不甘落後，採取了兩個行動：一是將 AIGC 全面接

入其產品與服務；二是推出多種自主研發的類似 ChatGPT 的產品，滿足使用者的多種需求。例如，Google 推出了 AI 寫作協助工具 LaMDA Word-craft、文字轉影像 AI 模型 Imagen 和 AI 音樂生成工具 MusicLM。

Google 計劃將 AIGC 全面應用於產品與服務中，為使用者帶來更好的使用體驗。Google 接入 AIGC 的核心是其 2022 年釋出的 PaLM（Pre-trained Language Model，預訓練語言模型），該模型具有超強的能力，能夠在大量文字數據上進行預訓練與微調，完成多個任務。例如，使用者可以在搜尋時直接輸入問題，而不需要輸入關鍵詞；在使用翻譯功能時，使用者能夠得到更加準確的譯文；在辦公時，使用者能夠快速獲得報告、履歷，並按照自己的習慣進行修改。

AI 寫作協助工具 LaMDA Wordcraft 實現了技術突破，可以幫助使用者續寫小說。使用者遇到寫作瓶頸時，可以藉助 LaMDA Wordcraft 進行創作。LaMDA Wordcraft 的工作原理是根據給定的詞彙，按照語言邏輯將可能出現的詞彙補充在後面，實現內容創作。

由於 LaMDA Wordcraft 經過了海量數據訓練，因此可以運用更多高級詞彙，提升文章的優美程度。例如，形容高興，使用者可能會用「這個人很開心」來描述，但是 LaMDA Wordcraft 會從自己的數據庫中搜尋，彈出許多關於高興的優美詞彙，供使用者選擇。

文字轉影像 AI 模型 Imagen 可以根據使用者輸入的文字生成對應的圖片。Imagen 的工作原理是對使用者輸入的文字進行分析並編碼，然後將編碼的文字轉換為影像，再進一步利用擴散模型對影像進行取樣，使得影像繼續增長並形成。藉助變壓器與影像擴散模型，Imagen 生成的圖片更具真實感。但是 Imagen 也存在一些隱患，例如，Imagen 使用網上的數據進行

訓練，可能會生成一些引發爭議的圖片。

　　AI 音樂生成工具 MusicLM 是 Google 在音樂領域的一次探索。使用者只需輸入文字或者影像，MusicLM 便可自動生成音樂，並且曲風多樣。雖然之前也出現了一些 AI 生成音樂軟體，但是它們創作的音樂作品相對簡單。MusicLM 能夠創作出複雜的歌曲，還可以根據影像生成音樂，實現了技術突破。

　　AI 創作音樂並不容易，因為生成的音樂會受到多個因素的干擾，因此早期合成音訊的合成痕跡較為明顯。只有透過海量的數據訓練，才有可能生成相對逼真的音訊。而 MusicLM 利用龐大的數據庫進行訓練，能夠理解富有深度的音樂場景。

　　藉助 AI 生成小說、AI 生成圖片、AI 生成音樂，Google 實現了全方位的 AIGC 產品布局，為其 AIGC 產業生態的形成奠定了基礎。

5.2.3　百度：打造文心大模型，推出多款 AIGC 產品

　　百度作為一家深耕於 AI 領域的頭部企業，在 AIGC 行業持續發力，推出了文心大模型，並相繼推出多款 AIGC 產品，以搶占更多市場份額。

　　百度於 2019 年 3 月推出預訓練模型 ERNIE（Enhanced Representation from Knowledge Integration，知識增強的語義表示）1.0，並在通用大模型的基礎上不斷深入發展，建設行業 AI 基礎設施。截至 2022 年 11 月，文心大模型已經釋出了 11 個行業大模型，幫助多個領域實現數位化，建構了初步的產業生態，成為行業智慧化的主要動力。基於文心大模型，百度推出了多款 AIGC 產品，「文心一言」和「文心一格」是其中的典型代表。

1·「文心一言」

2023 年 3 月 16 日，百度正式推出大語言模型 —— 文心一言，並在釋出會上展示了其在文學創作、商業文案創作、數理推算、中文理解、多模態生成等方面的強大能力。文心一言具備一定的思維能力，能夠完成數學推演、邏輯推理等任務。對於一些邏輯性很強的題目，文心一言能夠理解題意，透過正確的解題思路一步步地算出答案。

在釋出會上，百度還講解了文心一言的邀請測試方案。文心一言上線後，首批使用者可以透過邀請碼在官網體驗產品，後續將向更多使用者開放。

2·「文心一格」

文心一格是百度基於文心大模型在文字生成影像領域推出的 AI 藝術和創意輔助平台，具備領先的 AI 繪畫能力。在文心一格的官網中，創作者只需要輸入自己想要創作的畫作的主題和風格，便能夠得到一幅 AI 生成的畫作。文心一格支持油畫、水彩、動漫、寫實、國風等風格高畫質畫作的線上生成，還支持定製多種畫面尺寸。

文心一格的使用者群體十分廣泛，既能夠為設計師、藝術家和插畫師等專業的視覺內容創作者提供創意和靈感，輔助他們進行產品設計和藝術創作，也能夠幫助自媒體、記者等內容創作者生成高品質的文字配圖。文心一格為非專業的創作者提供了零門檻的 AI 繪畫平台，使他們能夠享受藝術創作的樂趣，展現個性化的創作格調。

文心一格上線了二次元、中國風等藝術風格，提升了 AI 繪畫風格的多樣性。文心一格還更新了圖生圖、圖片二次編輯等功能，進一步更新了 AI 繪畫的細節刻劃。此外，文心一格還上線了全新的創作平台，推出了

智慧推薦功能，創作者只需要在平台上輸入簡短的畫作描述，即可得到一幅精美、優質的畫作。該平台極大地提升了文心一格的便捷性和實用性，幫助創作者輕鬆完成藝術創作。

2023 年 3 月，文心一格改版後的新官網正式釋出。在新官網的設計上，文心一格採用模組化設計風格，對個人中心、主頁視覺、批次操作、資訊輪播等方面進行優化，全面提升 AIGC 內容創作體驗。

未來，隨著文心大模型的不斷疊代和發展，文心一言和文心一格等產品將快速疊代，功能將不斷拓展，在更多應用場景落地。文心大模型是推動 AIGC 發展的強大引擎，助力內容生成領域不斷創新發展。

5.2.4　阿里巴巴：從大模型到開源社群，推進研發

2023 年 4 月 11 日，阿里巴巴宣布推出阿里巴巴版 ChatGPT —— 通義千問。該產品由阿里巴巴達摩院研發，不僅能夠完成純文字任務，還融合了多模態演算法，可以實現智慧問答、文案生成、程式碼生成、AI 繪畫等，功能十分強大。

阿里巴巴 CEO 張勇表示，AI 大模型的出現將會開闢一個全新的時代，使用者將進入智慧化時代。未來，大模型將會應用於各行各業，提升生產力，改變使用者的生活方式。

2019 年，阿里巴巴開始研發大模型，2023 年推出了階段性的研究成果 —— 通義千問。目前，阿里巴巴已經將通義千問測試版接入旗下產品。例如，天貓精靈接入通義千問，變得更加智慧，不僅能夠回答使用者提出的刁鑽問題，還變得更加人性化，能夠與使用者產生情感連線；釘釘接入通義千問，可以智慧生成會議摘要與待辦時間，還能夠自動生成工作

方案。未來，阿里巴巴所有的產品將接入通義千問，對產品進行全面更新，滿足使用者需求。

　　阿里巴巴在 AIGC 領域取得的成果，離不開阿里巴巴通義大模型的支持。通義大模型是阿里巴巴達摩院釋出的 AI 大模型，具備完成多種任務的「大一統」能力。「大一統」能力主要表現在以下 3 個方面，如圖 5-2 所示。

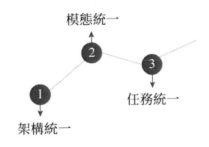

圖 5-2　通義大模型的「大一統」能力

　　(1) 架構統一：使用 Transformer 架構，統一進行預訓練，可以應對多種任務，不需要增加特定的模型層。

　　(2) 模態統一：無論是自然語言處理、電腦視覺等單模態任務，還是圖文生成等多模態任務，都採用同樣的架構和訓練思路。

　　(3) 任務統一：將全部單模態、多模態任務統一透過序列到序列生成的方式表達，實現同類任務輸入的統一。

　　目前，通義大模型已經應用在 AI 輔助設計、醫療文字理解、人機對話等 200 多個場景中，大幅提高了任務完成效率。

　　此外，阿里巴巴還將面向企業提供更加惠普的大模型，助力企業發展。未來，所有企業都可以藉助通義大模型的能力，結合行業知識、應用

場景等，訓練專屬大模型。在此基礎上，所有企業都可以擁有專屬的智慧客服、智慧語音助手、AI 設計師等。

除了通義大模型，阿里巴巴達摩院還推出了 AI 模型開源社群 ── 魔搭社群 ModelScope。阿里巴巴達摩院副院長認為，雖然近幾年 AI 得到了發展，但是 AI 使用門檻過高，導致其潛力未被充分挖掘。想要將 AI 模型應用於多種場景，就需要重新訓練，這使得 AI 的大眾化之路充滿波折。

為了使 AI 的使用門檻降低，阿里巴巴達摩院推出了魔搭社群 Model-Scope。魔搭社群是一個專注於打造開源模型即服務應用的科技平台，其踐行「模型即服務」的新理念，開發了眾多實用的預訓練基礎模型。

魔搭社群的合作機構包括深勢科技、瀾舟科技、中國科學技術大學、哈工大訊飛聯合實驗室、智譜 AI 等，首批開源模型以多模態、語音、視覺、自然語言處理等為主要開發方向，包括數十個大模型和上百個業界領先模型。魔搭社群在以「AI for Science」為代表的眾多新領域不斷探索，覆蓋了眾多主流任務。魔搭社群的模型均經過嚴格篩選和驗證，向外界全面開放。

魔搭社群鼓勵中文 AI 模型的開發和使用，希望實現中文 AI 模型的充足供應，更好滿足本土需求。魔搭社群已經上架了超過 100 箇中文模型，在模型總數中占比超過 1/3，其中包括一批探索人工智慧前沿的中文大模型，如阿里巴巴通義大模型、瀾舟科技的孟子系列模型、智譜 AI 的中英雙語千億大模型等。

魔搭社群搭建了簡單易用的模型使用平台，讓 AI 模型能夠流暢執行。以往，模型使用從程式碼下載到效果驗證往往需要幾天的時間，而魔搭社群只需要幾個小時甚至幾分鐘的時間便可生成一個完整的模型。魔搭

社群透過統一的配置檔案和全新開發的呼叫介面，為使用者提供環境安裝、模型探索、訓練調優、推理驗證等一站式服務，使使用者線上 0 程式碼就能夠輕鬆驗證模型效果。

同時，魔搭社群能夠透過 1 行程式碼完成模型推理，透過 10 行程式碼完成模型定製和調優。魔搭社群還具有線上開發功能，為使用者提供算力支持，使用者在不進行任何部署的情況下，開啟網頁就能夠直接開發 AI 模型。

魔搭社群開發的模型相容主流 AI 框架，支持多種服務部署與模型訓練，使用者可以自主選擇。魔搭社群面向所有模型開發者開放，不以盈利為主要目標，旨在推動 AI 大規模應用。

開源模型是推動 AI 技術發展的強大引擎，魔搭社群作為新一代的 AI 模型開源社群，廣泛推動 AI 模型落地應用，助力中國成為開源模型的引領者。隨著預訓練模型的興起，以魔搭社群為代表的開源社群將成為 AIGC 時代重要的基礎設施。

從通義大模型到開源社群，阿里巴巴從未停止研發的腳步，以自身發展帶動 AI 領域的發展，使 AI 惠及全社會。

5.2.5 崑崙萬維：推出開源模型「崑崙天工」

AIGC 技術能夠重塑內容生產方式，變革生產關係。ChatGPT 的火熱給許多企業帶來了發展機會，企業紛紛進入 AIGC 行業，搶占發展制高點。例如，崑崙萬維以開源模型「崑崙天工」為依託，進入 AIGC 領域。

崑崙萬維是一家創立於 2008 年的遊戲公司，在發展過程中，其逐步轉變為綜合性的網際網路公司。崑崙萬維的業務範圍廣泛，以為全球使用

者提供社交、娛樂等訊息化服務為主要目標。截至 2022 年上半年，崑崙萬維全球平均月活躍使用者接近 4 億。

崑崙萬維在 AIGC 領域早有布局，其布局歷程如圖 5-3 所示。

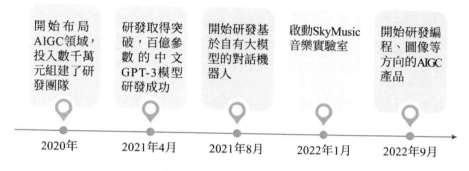

圖 5-3　崑崙萬維 AIGC 布局歷程

2022 年 12 月，崑崙萬維釋出了 AIGC 全系列演算法與模型——「崑崙天工」。崑崙天工旗下包含 4 款模型，分別是天工巧繪 SkyPaint、天工樂府 SkyMusic、天工妙筆 SkyText、天工智碼 SkyCode。其覆蓋了多個模態，包括影像、音樂、文字、程式設計等，具有強大的內容生成能力。崑崙萬維在 AIGC 領域的布局較為全面，是國內第一家致力於實現 AIGC 演算法與模型開源的公司。

崑崙天工能夠促進崑崙萬維的業務多元化，提高各個板塊的內容生成能力，轉換業務發展的動能。崑崙天工不僅致力於提高自身定製化 AI 內容生成能力，還希望提高使用者的活躍度，幫助企業降本增效。

雖然開源是 AIGC 技術發展的必然結果，但仍有許多企業採取 API 付費方式，無法像崑崙萬維那樣實現全面開源。有的企業認為，一旦實現軟體開源，可能會影響初期的盈利。

　　崑崙萬維表示，選擇開源是因為開源能夠改善 AIGC 生態，實現 AIGC 模型與演算法的創新，還能夠降低 AIGC 技術的使用門檻，推動 AIGC 技術發展。同時，軟體開源是大勢所趨，開源的軟體能夠快速疊代，保持競爭力與生命力。藉助開源，崑崙萬維可以拓展全球市場，實現使用者快速增長，為 AI 應用生態的繁榮做出貢獻。

　　AIGC 現在還處於發展階段，還沒有完善的行業標準。因此，企業可以提早布局，透過演算法與模型的開源來搶占先機。

5.3　多個細分領域成為競爭焦點

　　為了在 AIGC 賽道中獲得紅利，許多企業開始關注細分領域，如 AI 晶片、開源技術社群、AI 大模型、AIGC 引擎等，將其作為競爭焦點。

5.3.1　AI 晶片：海內外晶片大廠加大研發力度

　　隨著大模型訓練數據的增多，其對算力的需求也進一步增加，解決算力問題成了其獲得進一步發展的關鍵。晶片是數據處理的核心，為應用提供算力支持。要想增強算力，就需要加大對晶片的投入，使用具有更強效能的 AI 晶片。不只是 ChatGPT，所有 AIGC 應用都離不開算力的支持。這意味著，隨著 AIGC 的發展，AI 晶片將在未來實現井噴。

　　隨著需求端的爆發，供應端的 AI 晶片供應商也迎來了發展的新機遇。海內外晶片大廠紛紛加大研發力度，Google、英特爾、AMD（Advanced Micro Devices，美國超威半導體）、高通等都是其中的重要玩家。

　　以 Google 為例，2023 年 4 月，Google 公布了 AI 晶片 TPU（Tensor

Processing Unit，Google 張量處理器）V4。TPU 是 Google 為機器學習專門定製的專用晶片。TPU 使用低精度計算，能夠在不影響深度學習處理效果的前提下降低功耗，提高運算速度。第一代 TPU 於 2016 年釋出，為 AlphaGo 提供算力服務。TPU V4 是 TPU 系列的第四代產品，整體效能比上一代高出 2 倍多，具有強大的能力。

除了 Google，英特爾於 2022 年 5 月釋出了一款 AI 晶片──Gaudi2。這是英特爾旗下 Habana Labs 推出的第二代 AI 晶片，運算速度是前一代晶片的 2 倍。同時，英特爾還推出了一款名為 Greco 的晶片，其可以根據 AI 演算法預測、識別目標對象。基於這兩款晶片的應用，處理器的效能更強。

英特爾數據中心和 AI 部門主管表示，AI 晶片市場將在未來持續增長，而英特爾將透過投資和創新，引領這一市場。

除了國外 AI 晶片大廠積極布局外，國內的 AI 晶片供應商，如百度、海思半導體、地平線、寒武紀等也藉助 ChatGPT 帶來的機遇實現進一步發展。百度於 2022 年 11 月 29 日推出了自主研發的晶片──崑崙芯二代 AI 晶片。

百度採用 7nm（奈米）的工藝打造崑崙芯二代 AI 晶片，其算力強大，技術領先，能夠運用於百度無人駕駛車輛 Robotaxi 的駕駛系統。高階自動駕駛系統的計算系統十分複雜，需要用到感知模型、定位模型等，對算力的要求非常高。而崑崙芯二代 AI 晶片在效能方面的優勢較為明顯，與主流顯示卡相比，功耗降低一半，但效能提高 2 倍以上，實現了巨大突破。

以往，由於 AI 晶片行業競爭激烈、產品落地難等因素，AI 供應商的發展並不順利。而 ChatGPT 的興起為這些供應商提供了產品研發的新方向，

不少 AI 供應商都將推出可應用於機器人的 AI 晶片作為重要的發展方向。

可以預見的是，隨著 ChatGPT 相關應用不斷疊代，AI 晶片的銷售額也將持續突破，而 AI 晶片供應商可以享受 ChatGPT 的紅利，實現更好的發展。

5.3.2　開源技術社群：GitHub 和 Gitee

開源技術社群由興趣愛好相同的使用者組成，他們會在其中交流、學習。開源技術社群作為使用者溝通的主要陣地，為開源軟體的發展做出貢獻。目前，較為出名的開源技術社群有 GitHub 和 Gitee。

1・GitHub

GitHub 是一個創立於 2008 年的程式碼託管平台和開發者交流平台，由於其將 Git 作為唯一的版本庫格式，因此名為 GitHub。

GitHub 提供基本的 Web 管理介面和 Git 程式碼倉庫託管服務，除此之外，還具有討論組、線上檔案編輯器等功能。GitHub 中包含使用者和專案兩種主要實體，使用者和專案之間的關係相對複雜。

2・Gitee

Gitee 是 OSChina（開源中國）於 2013 年推出的程式碼託管平台，能夠為開發者提供優質、穩定的託管服務。Gitee 可以為開發者提供 Git 程式碼託管、程式碼檢視、歷史版本程式碼檢視等服務，幫助開發者進行管理、開發、合作等活動。

目前，Gitee 已經聚集了上百萬名開發者，成為開發領域領先的 SaaS（Software as a Service，軟體即服務）服務提供商。

5.3.3　AI 大模型：多家企業推出自有模型

AI 大模型領域是科技企業的角逐場，多家企業相繼推出自有模型。AI 大模型具有強大的數據處理與獲取知識的能力，能夠為各行各業提供智慧解決方案。華為、商湯科技等企業都釋出了自己的 AI 大模型。

1· 華為釋出「盤古」大模型

2023 年 4 月 8 日，華為在「人工智慧大模型技術高峰論壇」上介紹了華為盤古大模型的研發情況。華為盤古是 AI 領域首個擁有 2000 億個引數的中文預訓練模型，學習的中文文字數據高達 40TB，十分接近人類的中文理解能力。華為盤古大模型在語言理解和生成方面遙遙領先，在權威的中文語言理解評測中，獲得了三項第一且重新整理了世界紀錄。

華為盤古大模型的應用場景廣泛，可以扮演不同的角色。例如，既可以擔任智慧客服解答問題，又能夠作為寫作工具輔助使用者進行智慧寫作。華為盤古大模型可以根據使用者的問題以及上下文，生成準確的回答；還可以根據使用者的搜尋偏好，為他們提供個性化、多樣化的搜尋結果。

2· 商湯科技釋出商湯大模型

商湯科技在 AI 大模型方面進行了前瞻布局。2018 年，商湯科技開始研發 AI 大模型，一年後具備千卡並行的能力；2019 年，商湯科技推出一個引數為 10 億個的 CV（Computer Vision，電腦視覺）大模型，具有強大的演算法；經過 5 年探索，商湯科技的 AI 大裝置處於業內領先水準；2023 年 4 月，商湯科技公布了「日日新 SenseNova」大模型體系，展現了其在大模型領域的最新成果。

除了以上科技大廠外，一些在雲端計算、大數據等領域深耕多年的科技企業，也積極布局，以搶占市場先機。

浪潮訊息是中國知名的算力基礎設施供應商。在市場趨勢下，浪潮訊息積極入局 AIGC 領域，進行超大規模引數 AI 大模型的研發，目前已經取得一些成績。浪潮訊息與淮海智算中心共同開展的超大規模引數 AI 大模型訓練效能測試已經有了初步的數據。

測試數據顯示，這一 AI 大模型在淮海智算中心的訓練算力效率達 53.5%，處於業內領先水準。這意味著，其可以爲其他 AI 創新團隊提供高效能的 AI 大模型訓練算力服務。

生成式 AI 需要基於海量數據，對超大規模引數 AI 大模型進行訓練，這對算力提出了很高的要求。而浪潮訊息可以爲超大規模引數 AI 大模型的訓練提供算力支持。同時，超大規模引數 AI 大模型的訓練需要在擁有眾多加速卡的 AI 伺服器集群上進行，訓練算力效率直接影響到模型訓練時長、算力消耗成本等。

浪潮訊息憑藉旗下 AI 模型「源 1.0」的訓練經驗，優化了分散式訓練策略，透過合理設計流水並行、數據並行，調整模型結構和訓練引數，最終將超大規模引數 AI 大模型的訓練算力效率提高到 53.5%。公開數據顯示，OpenAI 推出的 GPT-3 大模型的訓練算力效率爲 21.3%。兩者對比，便突顯了浪潮訊息的優勢。

在 AI 大模型研發領域，除了這些已經成立多年的科技公司外，還聚集了一些創業公司。這些創業公司憑藉自己的技術優勢，積極推進 AI 大模型的研發。

例如，成立於 2021 年的 AI 創業公司 MiniMax 將 AI 大模型作爲主要

業務，積極研發多模態 AI 大模型。MiniMax 研發了 3 個模態的 AI 大模型，即文字到文字、文字到視覺、文字到語音。

MiniMax 的商業模式包括 To C 與 To B 兩種。在 To C 方面，其 AI 大模型驅動的產品已經在應用商店上線；在 To B 方面，MiniMax 計劃在未來開放 API，讓更多使用者基於 AI 大模型建立自己的應用。

多家企業相繼推出了自己的大模型，為 AIGC 的發展做出了巨大貢獻。未來，AI 大模型將在多個領域發揮作用，推動 AI 的發展。

5.3.4　AIGC 引擎：實現海量內容智慧創作

ChatGPT 的出現為內容創作者提供了全新的創作方式，許多軟體與 ChatGPT 結合，實現海量內容智慧創作。例如，AIGC 引擎是一個基於 AI 技術的內容創作助手，能夠生成高品質的內容。2023 年 2 月，3D 影片內容 AIGC 引擎服務商深氧科技對外宣布完成千萬元天使輪融資，資金將用於產品疊代、市場拓展、擴大技術團隊等方面。

深氧科技是一家成立於 2022 年的初創公司，致力於透過移動終端、網頁端，讓零基礎的使用者能夠使用 AI 驅動的新一代雲原生 3D 內容創作工具輕鬆地進行內容創作。

2023 年 2 月，深氧科技釋出了 1.0 版本的 O3.xyz 引擎，並確定了產品的最終形態。使用者只需要輸入文字，便可以獲取自己想要的影片內容。該引擎搭載了 Director GPT 模型，使用者可以呼叫、編輯 3D 資產，從而獲取 3D 影片。

深氧科技認為，在 3D 影片創作領域引入 AI 技術，可以有效降低 3D 工具的使用門檻，為使用者帶來便利，每個使用者都可以自由、輕鬆地創

作 3D 內容。現有的內容生成工具只能生成 3D 模型，而 O3.xyz 引擎能夠直達產品的最終形態，生成 3D 原生影片檔案。

深氧科技創始團隊的成員均來自知名高校或知名公司，具有專業技術、行業相關經驗和敏銳的市場洞察力。團隊核心成員曾參與多款產品開發與頭部 IP 創作，能夠將前沿技術與商業化設計巧妙結合。

在技術路線選擇方面，深氧科技偏向與其技術路線相匹配的輕量化場景。為了幫助更多的使用者，降低使用者的使用門檻，深氧科技為 O3.xyz 引擎設計了 3 個後端訓練模型，並捨棄了複雜的編輯與定製。同時，深氧科技還引入了自動建模與自動互動的演算法，簡化了影片製作流程。

深氧科技表示，他們之所以選擇在短影片領域深耕，是因為這個領域具有成熟的盈利模式。他們設計的 O3.xyz 引擎可以簡化使用者的創作流程，為使用者帶來便利，開闢一個具有增長潛力的創作空間，並在多個平台實現快速變現。

深氧科技研發的 O3.xyz 引擎能夠解決算力資源分配不合理的問題，為 AI 生成 3D 影片的大規模商業化提供助力。深氧科技認為，AIGC 壁壘來自數據與演算法的正回饋，因為大量數據能夠提高演算法的精準度，精準的演算法能夠吸引更多的使用者，更多的使用者能夠產生更多的數據，形成正向循環。

自 O3.xyz 引擎投入使用以來，獲得了許多使用者的關注。抖音短影片使用者曾表示，使用 O3.xyz 引擎後，製作效率大幅提高。相較於以前一週輸出一條影片，現在能夠一分鐘輸出一條試片，一週可以產生幾十條試片。試片數量繁多可以擴大使用者的選擇空間，從而輸出更多的優質內容。O3.xyz 引擎節省了場景布局的時間，使用者有充足的時間輸出創意。

　　生成式 AI 在全球範圍內掀起熱潮，AI 生成圖片、影片等應用豐富了 AI 的使用場景。AIGC 為 AI 應用大規模落地提供了可能性，降低了使用者的創作門檻，使用者能夠輸出更豐富、更優質的內容。

第 *6* 章 傳媒行業：
ChatGPT 實現傳媒內容智慧化生產

ChatGPT 在傳媒行業具有獨特的優勢，能夠融入新聞傳媒的多個環節，賦能資訊傳播。ChatGPT 還能夠賦能影視傳媒內容創作，重塑傳媒行業，實現傳媒內容智慧化生產。

6.1 ChatGPT 有望融入新聞傳媒多環節

隨著數據的豐富、演算法的更新，ChatGPT 有望提升內容採集、內容製作和內容傳播的效率，提高傳媒行業內容生產的智慧化水準，為使用者提供更多優質的內容。

6.1.1 內容採集：採訪錄音轉文字＋智慧寫稿

目前，採編記者採集內容往往費時費力。隨著 ChatGPT 應用於傳媒行業，採訪錄音轉文字、智慧寫稿等工具成為內容採集環節的必備工具，幫助採編記者節約了大量時間。

1 · 採訪錄音轉文字

面對採訪中產生的大量語音或者影片素材，採編記者往往需要透過反覆回放、核查訊息，從眾多素材中去粗取精，提煉新聞線索和文章創作靈感。為了提升素材篩選、文章創作的效率，採訪錄音轉文字工具應運而

生。這一工具的實時轉寫功能能夠自動識別錄音或者影片中的語音訊息，將語音訊息自動轉換成文字。同時，採訪錄音轉文字工具能夠一鍵將轉換出來的文字訊息植入採編系統。

在採訪的過程中，一部具有語音轉文字功能的智慧手機便可充當 AI 錄音筆、AI 記事本等工具，從而幫助採編記者提升編稿效率。採訪錄音轉文字工具針對各種實際採編場景，推出口語表達智慧過濾、影片唱詞智慧分離、SRT（SubRip Text，一種外掛字幕格式）字幕匯出、採訪角色智慧分離等功能，大幅提升了新聞素材收集和整理的效率。

2・智慧寫稿

為了更快地將資訊傳播出去，今日頭條推出一款能夠自動生成新聞內容的軟體，名為「今日頭條自動生成原創軟體」。該款軟體能夠根據使用者輸入的內容要點和關鍵字自動生成原創新聞內容，並具備語音識別、文章標題生成、文章內容生成、文章定位標籤、關鍵字匹配、圖片批次上傳等功能。

同時，該款軟體還具備強大的數據採集和分析能力，能夠根據使用者所在地區、所在行業、瀏覽偏好和習慣進行有針對性的分析和預測。該款軟體能夠幫助新聞編輯快速、準確地採集、整理和分析訊息，使得新聞內容更加全面、系統。今日頭條自動生成原創軟體是一款簡單、易用的內容生成工具，節省了採編環節大量的人力成本，極大地提升了採編的效率和品質。

ChatGPT 節省了大量新聞採集、編輯的流程和時間，大幅提升了新聞採編的效率和品質，推動內容採集環節智慧化發展。

6.1.2　內容製作：多種新聞內容智慧生成

AI 已經成為推動傳媒行業發展的重要力量，能夠參與內容製作，實現多種新聞內容智慧生成。

AI 可以對二手訊息進行精確的檢索。在以 ChatGPT 為代表的高效能 AIGC 應用出現後，其還能與使用者對話。目前，一些 AIGC 撰稿工具能夠在 1 分鐘的時間內生成上千條新聞，而且內容的品質可以與真人花費半小時創作的內容的品質相媲美。對於股市、體育賽事等對實效性要求比較高的新聞，AI 能夠做到及時生成新聞內容，僅需編輯稽核便可以發稿，減少了編輯的任務量，提高了工作效率。

利用 AI 工具生成新聞稿在新聞機構中已經有所應用。例如，國外方面，《紐約時報》、彭博社等於 2015 年便開始使用 AI 寫作工具；中國方面，新華社推出了「快筆小新」，阿里巴巴與第一財經聯合推出了「DT 稿王」，南方都市報推出了寫稿機器人「小南」。

寫稿機器人小南於 2017 年 1 月 17 日上崗，寫了一篇 300 多字的春運報導。小南最初專注於民生報導，隨著 AIGC 技術的發展、知識庫數據的累積，其寫作能力不斷增強，能夠駕馭更多的文體，因此，寫作範圍逐步擴展到天氣、財經等領域。目前，小南的日均寫稿量是 500 篇左右。

機器人小南主要有兩種寫稿方式，分別是原創與二次創作。小南撰寫原創稿件時，會進行數據的獲取、分類和標註，最後藉助模板寫作。小南撰寫天氣預報、路況播報、賽事資訊等新聞時會使用原創的寫稿方式。

二次創作指的是對已有的新聞進行重新加工，生成全新的稿件，如新聞摘要和賽事綜述等。在撰寫新聞摘要時，小南會運用自動摘要技術，對檔案進行分析，提煉其中的訊息，輸出一個摘要。

目前，ChatGPT 主要應用於財經、體育類新聞的寫作，一些深度採訪稿的寫作，仍需要編輯完成。

6.1.3　內容傳播：AI 虛擬主播自動播報

「AIGC+ChatGPT」催生了 AI 虛擬主播，AI 虛擬主播可以自動播報，實現了內容生產自動化，有利於提高內容品質，擴大內容傳播範圍，使內容傳播形式更加多樣化。

ChatGPT 在內容傳播環節中的應用主要聚焦在以虛擬主播為主體的新聞播報方面。虛擬主播開創了新聞傳播領域人物動畫與實時語音合成的先河，新聞編輯只需要將需要播報的文字內容輸入電腦，電腦便能夠自動生成相對應的虛擬主播播報的影片，並確保虛擬主播的表情和嘴型與影片中的音訊一致，展現出與真實主播播報相同的新聞傳播效果。以下是 AI 虛擬主播在新聞傳播環節的主要應用價值，如圖 6-1 所示。

圖 6-1　AI 虛擬主播在新聞傳播環節的主要應用價值

1·應用範圍不斷拓展

以新華社、東方衛視為代表的多家重量級媒體都開始探索 AI 虛擬主播在新聞傳播環節的應用，並逐漸向天氣預報、現場記者採訪、晚會主持

等領域拓展。

2·應用場景不斷更新

除了常規的主持播報，AI 虛擬主播還支持多語種播報和手語播報。2022 年北京冬季奧運會期間，以騰訊、百度為代表的諸多大型企業陸續推出手語播報 AI 虛擬主播，為廣大聽障觀眾提供手語解說服務，給聽障觀眾帶來無障礙的體育賽事觀看體驗。

3·應用形態日趨完善

如今，AI 虛擬主播的形象逐漸從 2D 向 3D 轉化，驅動範圍從口型向表情、動作、背景內容等延伸，內容建構從支持 SaaS 化平台工具建構向智慧化生產拓展。例如，騰訊打造的 3D 手語虛擬主播「聆語」支撐了騰訊直播中眾多手語解說的環節，聆語能夠生成唇動、眨眼、微笑等細微內容，與其相配套的視覺化動作編輯平台支持人工對聆語的手語動作進行微調，使其手語動作更加規範，給觀眾呈現更好的解說效果。

AI 虛擬主播在新聞播報領域的應用豐富了新聞播報的形式，打造更加生動、新穎的視覺體驗，給觀眾帶來前所未有的新聞觀感。

6.1.4 騰訊：推出新聞撰稿機器人

在傳媒領域，騰訊推出了一個新聞撰稿機器人 —— Dreamwriter，其可以藉助 AI 演算法自動生成新聞。這大幅提高了新聞生成的效率，可以在第一時間完成新聞創作，保證新聞的時效性。

Dreamwriter 的寫作流程包含 5 個環節，如圖 6-2 所示。騰訊要先建立或購買數據庫，然後讓 Dreamwriter 對數據庫內的數據進行分析，並學習

新聞稿的寫作手法。學習完之後，Dreamwriter 便可以從數據庫中尋找與新聞資訊相關的訊息進行寫作。寫作內容經過稽核後，透過騰訊的內容釋出平台傳遞給使用者。

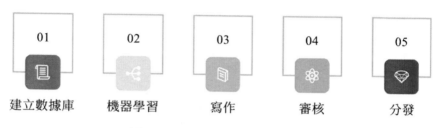

| 01 | 02 | 03 | 04 | 05 |
| 建立數據庫 | 機器學習 | 寫作 | 審核 | 分發 |

圖 6-2　Dreamwriter 的寫作流程

1・建立數據庫

Dreamwriter 寫作的前提是購買或建立數據庫。沒有數據庫，Dream-writer 就沒有量化的依據，無法生成生動的文章。騰訊購買了大量海內外數據庫，例如，騰訊買斷了 NBA 在中國市場 5 年的網路獨播權，併購買了 NBA 全套數據。NBA 能夠實時傳輸球賽每一個階段的數據，相較於其他數據，NBA 的數據更加詳實。數據越詳實，就越有助於 Dreamwriter 分析並生成文章。除了購買外來數據庫，騰訊自身也擁有豐富的數據庫資源，例如，騰訊的股市行情 App——「自選股」就是一個包含豐富股市訊息的數據庫。

2・機器學習

機器學習是培養 Dreamwriter 寫作能力的重要環節。機器學習即透過數據分析和演算法讓 Dreamwriter 主動理解數據庫。Dreamwriter 不僅要理解數據本身，還要理解數據對應的寫作模板。因此，在進行機器學習的過程中，技術人員要不斷豐富數據庫中的寫作模板。

　　例如，想要報導奧運會的跳水比賽，Dreamwriter 就需要在數據庫中抓取相關數據，具體分析和闡述走板、空中姿態和水花效果等，並結合賽事規則，將拆解後的數據整合成一條完整的賽事報導。此外，Dreamwriter 擁有完整的連線詞數據庫，能夠使生成的報導語言更加連貫，表述更加清晰，近似於人工撰稿效果。

　　機器學習的過程是循序漸進的，學習結果的完善是永無止境的，目標專案的大小影響著學習的時間。類似於 NBA 這樣的體育賽事，Dreamwriter 完成機器學習大概要花費一個月的時間。

③・寫作

　　根據體育報導和財經報導的不同特徵，騰訊開發了雙寫作系統。體育報導寫作系統偏向於賽事報導和深度表達，而財經報導寫作系統有獨立的計算模型和表達方式。Dreamwriter 在生成清晰的新聞內容的同時，能夠針對觀眾的不同興趣點，生成研判版、民生版和精簡版等不同版本的報導，更好地滿足不同觀眾的需求。

④・稽核

　　內容生成之後，往往需要經過嚴格的稽核，不同媒體具有不同的稽核機制。Dreamwriter 沒有系統的稽核機制，負責稽核工作的是騰訊的風控團隊。該團隊主要負責把控騰訊資訊平台上釋出的內容的事實性、合法性和政治性。

⑤・分發

　　現階段，Dreamwriter 無法自行分發資訊，資訊的分發主要依靠騰訊專門的分發團隊完成。

隨著 Dreamwriter 在新聞撰稿領域不斷發展，Dreamwriter 將不斷疊代和更新，為內容生成創造更多可能性。以下是 Dreamwriter 未來可能拓展的其他應用模式和功能。

（1）提供基於網際網路的 UGC 新聞訊息服務。在此種模式下，新聞撰稿機器人能夠從微信、微博等 UGC 平台上蒐集新聞素材，並自動組稿，幫助新聞編輯及時挖掘新聞熱點。

（2）利用語音技術實現新聞訊息播報。

（3）創新性寫作。在未來，新聞撰稿機器人或許能夠將 AI 生成的新聞資訊與新聞編輯撰寫的新聞資訊融合，讀者無法分辨新聞資訊是機器人撰寫的，還是新聞編輯撰寫的。

（4）讀者細分管理。新聞撰稿機器人能夠追蹤並分析讀者的點選率和閱讀習慣，並對讀者的愛好和需求進行精準分析，以更好地為讀者提供個性化的服務。新聞撰稿機器人還將不斷完善新聞資訊平台的智慧對話系統，以提升讀者與平台的互動體驗，進一步提升讀者的滿意度。

Dreamwriter 是機器寫稿領域的重大突破，隨著 AIGC 產品的不斷創新和更新，以 Dreamwriter 為代表的文字生成類機器人將不斷湧現，拓展 AIGC 的應用範圍。

6.1.5　元境科技：讓虛擬主播接入 ChatGPT 模型

在眾多企業紛紛接入 ChatGPT 模型的當下，元境科技在虛擬主播領域發力，讓虛擬主播接入 ChatGPT 模型，將智慧對話技術應用於元宇宙領域，並擴展到多個行業、場景。

元境科技是一家專注於虛擬數位人技術開發的企業，長期在元宇宙領

域探索。其認為，未來虛擬數位人將會朝著兩個方向發展：一個是身分型虛擬數位人；另一個是服務型虛擬數位人。

元境科技接入 ChatGPT 模型，證明其不僅想朝著身分型虛擬數位人的方向發展，還想向著服務型虛擬數位人的方向拓展，試圖將自身虛擬數位人資源與 ChatGPT 的智慧對話技術成果相結合，提升虛擬數位人的實時互動能力。

元境科技旗下擁有 MetaSurfing 元享智慧雲平台。該平台將與 ChatGPT 對接，在語義理解、影像處理等方面實現智慧更新，提高虛擬數位人語言理解、多輪迴復的互動能力。元境科技還專門針對直播帶貨場景推出場景優化解決方案，助力直播帶貨領域的發展。

在接入 ChatGPT 時，元境科技遇到了一些困難。虛擬數位人使用了形象、語音、表情等多模態技術，如何使這些技術融合是元境科技需要解決的重要問題。同時，元境科技希望藉助 ChatGPT 使虛擬數位人具備互動問答能力，但是 ChatGPT 本身只具有文字生成、回答問題的能力，因此元境科技需要先將文字轉換成語音，再驅動虛擬數位人的動作、表情。

在虛擬數位人領域，ChatGPT 不能夠直接進行大規模應用，還需要進行除錯與驗證。元境科技在 ChatGPT 的基礎上，針對一些細分領域提出了一些問題供虛擬數位人學習，並設定了一些標籤與引導詞。使用者點選標籤，虛擬數位人就會給出相應的回答。

元境科技還希望在 ChatGPT 的基礎上建構特定版的小模型，針對某些垂直領域推出產品解決方案，並在自身的伺服器中搭建多樣的小模型。

關於 ChatGPT 的應用拓展，元境科技考慮將它應用於遊戲中。ChatGPT 具有指令碼策劃能力，可以為遊戲開發者提供策劃思路；將 ChatGPT

應用於 NPC 身上，NPC 可以與使用者互動；將 ChatGPT 應用到繪畫方面，可以生成遊戲概念圖、遊戲宣傳海報等。

目前，ChatGPT 已經在一些領域得到了應用。ChatGPT 的應用場景將會持續拓展，為各行各業帶來革新機會，創造更好的使用者體驗。

6.2　三大優勢：ChatGPT 賦能資訊傳播

ChatGPT 能夠與傳媒行業融合發展，得益於其具有 3 個優勢：一是內容快速製作，能夠保證資訊的時效性；二是訊息傳播更加科學，能夠實現訊息的個性化、互動式傳播；三是能夠核查、分辨假新聞，助力新聞治理。

6.2.1　內容快速製作，保證資訊時效性

ChatGPT 與傳媒行業的融合不斷深入，推動了傳媒行業的發展。保證資訊的時效性是傳媒從業者的共識，然而受限於個人效率，人工輸出內容可能存在一定的延遲。ChatGPT 與人相互配合，能夠快速製作內容，保證資訊的時效性。

AI 生成新聞稿最早可以追溯到 2014 年，《洛杉磯時報》的記者兼程式員舒文克研發了一套新聞自動生成系統，名為 Quakebot。Quakebot 能夠在地震發生後僅用 3 分鐘就撰寫一篇新聞，記者僅需要瀏覽一遍稿件並點選釋出即可。

如今，很多企業都推出了 AI 寫稿軟體，輔助內容生成。騰訊 AI Lab 推出了名為 Effidit 的創作工具，其具有 4 個功能，分別是智慧糾錯、文字

補全、文字潤色和例句推薦，能夠幫助使用者更加簡便地進行文章創作；百度推出了 AI 智慧寫作工具，其運用了自然語言處理與知識圖譜技術，擁有自動創作和輔助創作兩種能力，使用者可以根據自身需求自由選擇。百度 AI 智慧寫作工具的應用領域包括財經、體育、天氣預報等，能夠在 1 分鐘內創作出一篇 1000 字左右的文章，大幅提高新聞生成效率。

ChatGPT 為傳媒行業帶來顛覆性的改變，提高創作效率，使傳媒從業者將更多的精力投入創造性的工作中，從而充分發揮自身優勢，而無須再為重複性的工作分心。

6.2.2　訊息傳播更科學：實現訊息個性化、互動式傳播

隨著社交媒體的發展與使用者要求不斷提高，傳統的訊息傳播方式無法滿足使用者的需求，個性化、互動式的訊息傳播方式更受使用者喜愛。ChatGPT 可以幫助傳媒企業對使用者的喜好進行分析，為使用者分發更符合其喜好的新聞，增強使用者黏著度。

以新浪新聞為例，新浪新聞是一個新聞報導平台，利用 AI 進行內容分發。新浪新聞將使用者分為新使用者與老使用者，實行不同的策略，分發不同的內容。對於新使用者，其會推送優質內容，吸引、沉澱使用者；對於已經擁有一定黏著度的老使用者，其會推薦更符合他們興趣愛好的內容。

在內容分發方面，新浪新聞設定了 4 個維度，分別是推薦生態、使用者體驗、理解使用者和業務導向。此外，新浪新聞還在使用者興趣理解、召回排序等方面進行了優化，透過深度學習技術的疊代和建模優化使個性化推薦更加精準，挖掘優質的熱點內容並將它們推送給合適的使用者。

　　在互動性上，ChatGPT 使傳媒領域的傳播媒介從文字、圖片向短影片轉變，極大地提升了數位內容的感官體驗，給內容創作帶來顛覆性變革。

　　以影譜科技為例，影譜科技以智慧視覺內容生成變革傳統視覺內容生成流程，實現視覺內容的智慧化、規模化和標準化生成。影譜科技的 AI 引擎可以在短時間內生成一段獨具特色的影片內容，同時還可以對已經拍攝好的影片進行編輯和重構。例如，自動鎖定關鍵幀並根據關鍵幀的內容生成與影片相吻合的內容，最後智慧生成一段 AI 視覺內容。

　　此外，影譜科技還基於 AI 技術推出了 ADT（Automatic Digital Twin，數位孿生）引擎。ADT 引擎依託成熟的 AI 演算法、3D 建模和重建、數位仿生互動等技術和工程化能力，建立具有空間感的高維度訊息，建構起元宇宙世界與現實世界虛實結合的橋梁。ADT 引擎加快實現內容的視覺化互動，為內容增添了更加強烈的視覺觀感。

　　ADT 引擎透過建立多模態的複雜場景，實現了內容創作與多場景的融合，極大地豐富了媒體內容的視覺效果。ADT 引擎已經成為傳媒領域提升內容視覺觀感的重要 AI 基礎設施。

6.2.3　核查、分辨假新聞，助力新聞治理

　　網際網路具有訊息傳播速度快的特點，但是這一特點有時可能會造成假新聞大範圍傳播。身處於網際網路之中，使用者需要辨別新聞的真偽。在這一點上，AI 能夠幫助使用者。

　　在當今的訊息時代，使用者每天都會被氾濫的訊息淹沒，訊息有真有假，使用者很難辨別。一些使用者渴望擁有一項技術，能夠核查、分辨假新聞。初創企業 Logically 可以幫助使用者實現這一願望。

　　Logically 是一家成立於 2017 年的企業，推出了一種結合 AI 和人類智慧的解決方案，能夠對新聞、社會討論、影像進行驗證。使用者可以從蘋果應用商店或者 Google 應用商店下載應用程式，將需要檢測的文章上傳即可進行驗證。Logically 旗下還有一個瀏覽器擴展程式，能夠對 16 萬多個社交平台和新聞網站上稿件內容的真實性進行核查。

　　Logically 的 AI 演算法使用自然語言處理技術對文字進行解析，將內容來源的可信度劃分為 5 個層次。Logically 的模型會將使用者提供的文章與數據庫內的文章進行比較，包含文字內容、後設數據與影像。AI 能夠對大量內容進行快速分析，並標記出有問題的條目以供人工核查。

　　除了 Logically 外，AdVerif.ai 也是一家能夠提供假新聞識別服務的企業。AdVerif.ai 是一家成立於 2017 年的 AI 企業，主要利用 AI 對假新聞、垃圾郵件等進行檢測。AdVerif.ai 的主要服務對象是企業，因為當企業受到假新聞矇騙時，可能會遭受巨大的經濟損失。AdVerif.ai 的工作原理是對文章進行掃描並發現異常，如標題與正文內容相悖、標題存在異常等。

　　AdVerif.ai 會為客戶撰寫一份內容檢測報告，包含 AI 檢測出的可疑訊息。客戶可以根據檢測報告並結合自己的判斷分析哪些訊息存在問題。

　　如今，假新聞變得越來越複雜，使用者難以分辨。各個企業需要繼續努力，在 AI 行業持續深耕，不斷改進打擊假新聞的 AI 工具，有效區分事實與虛假訊息。

6.3　ChatGPT 賦能影視傳媒內容創作

ChatGPT 一出現便迅速席捲各行各業，為人類開啟了想像力的大門。ChatGPT 對影視傳媒行業也產生了一定的影響，具體表現在 ChatGPT 可以實現劇本創作、內容完善與內容修復。

6.3.1　劇本創作：輕鬆實現小說轉劇本

將小說改編成劇本是一個複雜且漫長的過程，其中涉及內容格式、場景、臺詞的修改以及人物角色的戲量統計，往往需要耗費大量的時間和精力。而 ChatGPT 的出現改變了這一現狀。

以海馬輕帆為例，創作者登入海馬輕帆網站，進入創作平台的「智慧寫作」介面，將小說內容複製貼上至「小說轉劇本」的文字框中，便能夠一鍵生成劇本或轉換劇本格式。海馬輕帆的這一功能將小說語言重新分析、拆解、整合，組成對白、場景、動作等視聽元素相結合的劇本內容，大幅提升了劇本改編的效率。

海馬輕帆還上線了角色戲量統計、一鍵調整劇本格式、劇本智慧評估、短劇分場指令碼匯出、海量創作靈感素材庫等功能。其中，角色戲量統計能夠智慧識別劇本中的角色，對角色戲量進行整理和歸納；一鍵調整劇本格式功能支持多種劇本格式的自由切換。

劇本智慧評估功能面向內容創作者和開發者，對網路電影、院線電影、網劇、電視劇等劇本內容進行數據分析。劇本智慧評估功能可以智慧生成劇情曲線，展示劇情的跌宕起伏，分析劇情整體布局和發展節奏的合理性。

在場次分析方面，劇本智慧評估功能能夠識別重要場次及整體分布比

例，從而判斷重要場次的布局是否合理。在人物分析方面，劇本智慧評估功能能夠根據劇本中角色的互動生成人物關係網，計算角色之間的互動以及戲份占比，並從人物命運轉折的角度分析人物在劇中的成長性。劇本智慧評估功能還被廣泛應用於劇本評測、篩選和改編等多個商業化場景中，幫助影視企業解決劇本內容在後期製作開發和質檢等方面的問題。

在網路電影劇情評估分析方面，海馬輕帆推出了重要場景和劇情詳細解析功能。海馬輕帆還推出了多稿劇本比對分析功能，透過將劇本與同型別的優秀劇本進行比對，分析劇本的競爭優勢。海馬輕帆根據不同劇本的特徵，針對場次分析、劇情評價、人物特徵及角色關係等多模組搭建了評價指標體系，幫助影視企業進行劇本的初期篩選，解決了影視企業劇本創作高耗時、低產出的問題。

由海馬輕帆 AI 撰寫的微短劇《契約夫婦離婚吧》在快手的播放量已經破億。海馬輕帆劇本智慧評估功能服務過的電影作品有《流浪地球》《拆彈專家 2》《你好，李煥英》《誤殺》《除暴》等，電視劇有《在遠方》《我才不要和你做朋友呢》《傳聞中的陳芊芊》《冰糖燉雪梨》《月上重火》等。海馬輕帆還服務過眾多知名影視企業和機構，如中影、優酷、阿里影業等。

如今，海馬輕帆已經具備較高的行業滲透率，推動了劇本改編的新變革，幫助劇本創作者更加精準地抓住內容的邏輯、主旨和特色，實現劇本的高效、高品質改編。

6.3.2　完善內容：演員角色和影視內容創作

以 ChatGPT 為代表的 AIGC 應用能夠完善影視內容，主要表現在兩個方面：一方面，能夠透過 AI 完善演員角色；另一方面，透過 AI 合成虛擬

物理場景，完善影視內容。

　　在完善演員角色方面，AI 可以降低演員自身局限對影視劇造成的影響，達到多語言譯製片畫音同步，實現演員角色跨越，演繹高難度動作。一個名為 Flawless 的英國企業針對多語言譯製片中演員口型對不上的問題發明了視覺化工具 TrueSync。TrueSync 能夠利用 AI 深度影片合成技術對演員的面部進行調整，使演員的口型與字幕匹配。

　　AI 還能夠還原已故演員的聲音，例如，在紀錄片《創新中國》中，科大訊飛利用 AI 演算法對已故配音員李易的聲音進行學習，根據文稿合成配音，實現聲音重現。

　　場景搭建是影視劇拍攝過程中的重要環節，而搭建精良的場景需要耗費高昂的成本。基於此，眾多影視企業引入 AIGC 虛擬場景合成技術，以節省搭建場景的精力和成本。

　　AIGC 虛擬場景搭建常應用於動畫場景搭建和影視劇場景搭建中。在動畫場景搭建中，AI 透過將虛擬場景與虛擬數位人結合，實現虛擬場景中的多人實時互動，打造沉浸式零距離社交體驗。AIGC 在角色互動、場景互動、虛擬化身等方面賦能動畫製作，給觀眾帶來臨場感更強的觀看體驗。例如，實驗性動畫短片《犬與少年》的部分場景就是由 AI 搭建的，創新了場景搭建的方式。

　　AIGC 輔助場景搭建需要經過 4 個步驟，分別是場景繪製、一次 AI 生成、二次 AI 生成、人工修改。即先由動畫師手動繪製場景，再透過 AI 對場景進行一次和二次合成，最後再由動畫師對 AI 生成的場景進行修改和優化。在整個場景搭建的過程中，動畫師只需要參與最初的創意生成階段和最終交付階段。

在影視劇場景搭建中，AI 能夠合成虛擬物理場景，搭建眾多成本過高或者無法實拍的場景，極大地拓展了影視作品想像力的邊界，給觀眾帶來更加優質的視聽體驗。AI 合成影視劇場景並非新奇的事情，其在 2017 年的熱播劇《熱血長安》中便得到了應用。《熱血長安》中大量的場景都是透過 AI 技術虛擬生成的。

為了使 AI 虛擬合成的場景更加協調、自然，在拍攝這部劇之前，導演組大量採集實地場景，並對實地場景進行數字建模，再透過 AI 將虛擬場景與實地場景相結合，搭建出栩栩如生的拍攝場景。此外，在拍攝的過程中，演員在綠幕前表演，後期製作人員利用 AI 實時摳像技術，將虛擬場景與演員動作相融合，最終生成影片。

AIGC 已經成為搭建虛擬場景的重要工具，其在搭建 3D 模型和製作場景特效方面發揮著越來越重要的作用。例如，輝達推出的 AIGC 模型 GET3D 具備生成空間紋理的 3D 網格功能，能夠根據深度學習模型和訓練模型實時合成具有高保真紋理的複雜場景。

GET3D 能夠將虛擬空間的特徵和元素集合，並根據製片方的要求，自動生成模擬環境。因此，GET3D 常被應用於搭建影視劇虛擬場景。GET3D 能夠根據指令自動生成不同風格、不同形態、不同面積的虛擬場景。在自動生成特定的場景後，製片人只需要對場景效果進行簡單的人為干預和優化，場景便可投入使用。

AIGC 極大地提升了場景搭建的效能，使場景在互動和視覺呈現方面更加生動、逼真。AIGC 以更快的速度和更低的成本生成更加豐富的場景，開闢了影視創作領域的全新發展路徑。

6.3.3　內容修復：智慧修復影視劇

西安電子科技大學的一個創業團隊致力於老舊影片的修復，他們利用 AI 技術修復影片，使影片煥然一新。截至 2021 年 4 月，該團隊已經對 30 餘部老影片完成了色彩和畫質上的修復。

老舊影片是一個時代的縮影，具備較高的內容價值。但隨著時代的發展，老舊影片因色彩和畫質不佳被當代年輕人「拒之門外」。針對這一現象，西安電子科技大學的一個創業團隊利用 AI 技術，給老舊影片「美顏」，讓老舊影片重新回到人們的視野中，讓更多當代年輕人了解老舊影片的文化傳承，挖掘老舊影片的價值。

該創業團隊成立於 2019 年，彙集了網路訊息、AI 等專業的 10 名學生。團隊成員發揮各自的知識和技能優勢，共同建構起 AI 數據模型庫。創業團隊利用 AI 對大量的老舊影片和現代彩色影片進行深度學習，根據影片當下呈現的色彩效果推斷影片的原始色彩效果，從而完成對老舊影片的色彩修復工作。

老舊影片大多是用膠片儲存的，磨損情況較為嚴重。創業團隊不僅需要用 AI 演算法對影區域域性進行光線平衡和防抖處理，還需要運用上色演算法給影片重新上色，對影片的畫質進行更新。該團隊透過不斷疊代 AI 修復技術，完成了對《城市之光》《摩登時代》《羅馬假日》《小兵張嘎》《漁光曲》《永不消逝的電波》等老舊影片的修復。同時，該團隊還對接了西安電影製片廠等單位，與它們開展校企合作。

對於 AI 修復技術的發展，創業團隊有著美好的嚮往和規劃。團隊負責人表示，其將帶領團隊在 AI 影片修復領域深入研究，以打造 AI 修復技術的優勢，進一步推動 AI 在影片修復領域的發展。

6.3.4　GPT 系列大模型完成劇本創作

　　GPT 系列大模型能夠生成高品質的語言文字，如對話、詩歌、文章等，自問世以來便受到極大的關注。但其最令人驚喜的功能，莫過於編寫劇本。

　　美國查普曼大學以電影專業而聞名，培養了許多電影人才該學校的學生利用 ChatGPT 進行劇本創作，並將劇本拍成了短片 ──《律師》。

　　《律師》這部短片有兩個吸引人的地方：一是其具有歐·亨利小說風格，往往會在最後進行轉折，推翻觀眾對主角的印象；二是除了前 20 秒外，其餘故事都是由 AI 創作。雖然這個劇本中角色的行為動機缺乏邏輯，但是 AI 能夠進行劇本創作，無疑是 AI 在影視行業一個很大的進步。

　　如今，眾多科技公司開始探索並提供劇本內容智慧生成衣務。2022年，DeepMind 推出助力劇本創作的大型語言模型系統 ── Dramatron。該系統能夠利用生成式 AI 對劇本的綱要和關鍵詞進行理解和解讀，並以分析的結果為依據生成基礎劇本。該系統創作劇本的優勢是以更低的成本生成更加專業化的劇本內容。

　　2023 年 2 月，新電商行銷大數據分析平台「有米有數」結合 ChatGPT推出了 AI 劇本工具，為影視企業的劇本創作提供了更多的思路和靈感，為劇本創意的規模化生產提供了更多的可能性。創作者可以在劇本創作系統輸入劇本主題和關鍵詞，便可一鍵生成創意劇本指令碼。

　　ChatGPT 在劇本創作領域的應用不僅降低了影視企業劇本創作的成本，還大幅提升了劇本創作的效率和品質。

第 7 章　教育行業：
ChatGPT 助推教育數智化轉型

　　ChatGPT 的出現為教育行業帶來了全新機遇。ChatGPT 可以作為智慧助手應用於智慧教育中，給教育行業帶來變革。ChatGPT 還可以助力教培發展，提供職業技能培訓課程。

7.1　應用場景豐富，多環節可落地

　　ChatGPT 可以與多個教育場景融合，在多個環節落地，包括課程設計、輔助備課、助教和輔助學習。ChatGPT 可以更好地滿足師生的教學需求，推動教育實現數位化、個性化和智慧化發展。

7.1.1　課程設計：為教師設計課程提供創意

　　ChatGPT 可以在課程設計中發揮作用。ChatGPT 可以輔助教師蒐集和整合數據，為教師設計課程提供新思路，使課程更具創意。

　　例如，科大訊飛推出了智慧教育解決方案，透過「1 平台 + 多應用」賦能教師與學生。「1 平台」指的是教育開放平台，「多應用」指的是涵蓋教授知識、學習、評價等場景的綜合應用。

　　科大訊飛智慧教育深耕課堂場景 12 年，目前產品已經更新到智慧課堂 5.0，在教學環境、教學內容、教學應用和學習應用 4 個方面進行了更加深入的探索。

在教學環境方面，科大訊飛的智慧終端實現了更新，包括訊飛 AI 智慧黑板、訊飛 AI 教學智慧筆等，助力教師提升授課效率。在教學內容方面，智慧課堂 5.0 擁有 20 多萬條新課標和高中教學資源，能夠為學生提供優質課堂內容。對於教師而言，智慧課堂 5.0 能夠利用 AI 技術對資源進行標記，提升教師的資源查詢效率。在教學應用方面，智慧課堂 5.0 能夠提供全面的教學工具，滿足不同教師的教學要求。在學習應用方面，智慧課堂 5.0 能夠提供學科筆記助手，為學生提供科學的學習方法，幫助學生培養良好的學習習慣。

科大訊飛智慧課堂 5.0 與時俱進，針對英語學科教學的新要求推出了 AI 聽說課堂 2.0 方案，與英語學科的多個場景進行融合，併為教師提供 AI 助教，便於教師設計課程。

科技是推動教育智慧化發展的重要手段。以 ChatGPT 為代表的 AIGC 應用在教育領域會不斷拓展，為教師與學生提供更多便利。

7.1.2　輔助備課：參與教研備課

備課是教學工作的重要環節，與教師的教學品質息息相關。ChatGPT 能夠參與教研備課，為教師提供備課計劃，節約教師的思考時間。ChatGPT 可以從以下 4 個方面輔助教師備課，如圖 7-1 所示。

01 提供知識解答

02 提供教學內容

03 進行課堂模擬，提高教師的業務能力

04 進行翻譯

圖 7-1　ChatGPT 輔助教師備課的 4 個方面

（1）提供知識解答。教師可以以問答的方式與 ChatGPT 進行知識交流。例如，教師向 ChatGPT 提出「如何用簡潔的語言使 5 年級的學生了解圖形變換」的問題，其就會為教師提供一套方案。

（2）提供教學內容。教師向 ChatGPT 發出指令，ChatGPT 就會生成相關的教學內容，提高教師的備課效率。

（3）進行課堂模擬，提高教師的業務能力。ChatGPT 可以與教師進行模擬對話，使教師發現自身的問題，提升教學能力。

例如，好未來利用 AI 技術推出「GodEye 課堂品質守護解決方案」（以下簡稱「GodEye」），賦能教師培訓和教師備課。

好未來是 AI 賦能線上教育的代表，藉助 AI 進行教師培訓。過去，教師往往需要獨自在空無一人的教室中反覆說課，以提升教學品質，但這樣的練習模式很難使教師明白自己的哪些方面還需要提升。而 GodEye 能夠對教師的授課狀態進行分析，對互動、舉例、肢體動作等維度進行測評，提升教師的授課能力。

GodEye 能夠透過人體姿勢識別系統識別教師講課過程中的手勢、動作，肢體動作豐富的教師會得到較高的評分，肢體僵硬的教師則會被提醒改進。口語指標則是檢測教師的表達中是否有一些重複的詞彙或者不必出現的詞彙，幫助教師注意自身的表達。在 AI 的幫助下，教師的教學能力將得到提高。

（4）進行翻譯。如果教師有使用其他語言的需求，可以將 ChatGPT 作為語言翻譯器，從而更好地備課。

總之，ChatGPT 能夠在多個方面賦能教師，提高教師的教學水準。但教師在使用 AI 工具時也需要牢記，AI 僅僅是輔助手段，想要真正提高教學水準還需要自身能力強。

7.1.3　成為助教：為師生的實時分享提供平台

ChatGPT 可以作為課堂助教，為師生的實時分享提供平台。ChatGPT 不僅可以回答學生的問題，還可以與學生互動，增加課堂的趣味性，幫助學生理解問題。

例如，許多教育機構推出了 AI 虛擬教師作為助教，採取「AI 虛擬教師 + 本地教師輔助授課」的教學模式，在課堂中穿插互動小遊戲，增加學生的學習興趣。例如，小熊美術將視覺識別、語音識別、機器學習等多種技術應用在課程上，將課程與遊戲相結合，提升學生的學習積極性；藉助 AI 技術還原線下的授課場景，活躍課堂氛圍。

與傳統課堂相比，配備 AI 虛擬教師作為助教的 AI 互動課優勢突出：一是能夠在課堂中穿插互動，增強了課堂的互動性；二是闖關模式可以持續吸引學生的注意力，培養學生的定力；三是 AI 虛擬教師的標準化程度高，能夠保證課堂教學品質，解決師資不足的問題；四是 AI 虛擬教師能夠根據學生對教學內容的掌握情況及時調整教學進度，以學生理解知識為主要目的。

總之，AI 虛擬教師作為助教能夠做到智慧化、個性化教學。未來，AI 虛擬教師將會大規模應用於教學實踐，推動教育行業數位化發展。

7.1.4　輔助學習：為學生個性化學習提供工具

隨著技術的發展，許多數位化工具誕生。數位化工具變革了教學模式，教師摒棄傳統的講評式授課模式，與學生一起探索知識。當學生在學習過程中有疑問時，可以藉助數位化工具進行問題探究，培養獨立解決問題的意識。

例如，為了保證閱讀量，學生可以使用 AI 伴讀閱讀文章。AI 伴讀十分便捷，只需要一個 App 與配套支架，學生便可以閱讀。AI 伴讀具有以下優點：

（1）AI 伴讀的操作十分便利，學生只需要用手機掃描圖書，便可以收聽對應的音訊。而且學生翻頁到哪裡，AI 伴讀就會讀哪裡。即便沒有教師、家長的陪伴，學生也能夠獨立閱讀。

（2）音訊標準。AI 伴讀可以識別出學生手指指出的知識點，下載對應的音訊資源並播放。AI 伴讀系統中的英語音訊發音十分標準，學生可以在音訊的指導下學習。

（3）能夠生成專屬學習報告。AI 伴讀能夠對學生的閱讀數據進行分析並生成學習報告，讓教師、家長及時了解學生的閱讀情況。

（4）保護視力。AI 伴讀以紙質書本為主體，輔以手機播放的音訊，能夠避免學生長時間看電子螢幕而損傷視力。

聯想推出了一款可以將學生帶入虛擬世界的未來黑板 —— HoloBoard。未來黑板 HoloBoard 擁有沉浸式投影、高精度動作捕捉等技術，相較於普通黑板，其有以下優點。

（1）未來黑板 HoloBoard 能夠做到裸眼全息，實現沉浸式互動。在應用了未來黑板 HoloBoard 的課堂中，學生無須佩戴頭顯裝置，裸眼便能夠獲得沉浸式的體驗，完成虛實結合的活動，提升學習的趣味程度。例如，學生在課堂進行微觀原子世界的三維建模時，只要用手按壓螢幕，就可以建立一個 3D 原子模型。模型的大小由按壓的深度決定。在三維建模中，學生藉助彈性觸覺回饋技術，能夠獲得真實體驗。

（2）未來黑板 HoloBoard 能夠透過全息網真技術打造全息教師。由於

地域的限制，偏遠地區的學生往往無法享受優質的教育資源，而未來黑板 HoloBoard 能夠藉助電子螢幕將教師帶到千里之外。全息教師的外表與真人教師無異，能夠實現面對面授課，打破了地域的局限，促進教育公平。

（3）未來黑板 HoloBoard 能夠將學生帶入虛擬世界。在虛擬世界中，學生可以化身太空人，身臨其境地遨遊太空。學生與教師還可以在虛擬世界中互動，真實地感受周圍的世界。

未來黑板 HoloBoard 能夠藉助先進技術帶領學生進入虛擬世界，增強課堂趣味性，調動學生學習的積極性。未來黑板 HoloBoard 變革了學生與教師的關係，教師不再單向地向學生傳授知識，而是與學生共同探索知識。

7.2　多重變革，ChatGPT 成為智慧教育加速器

ChatGPT 是智慧教育的加速器，能夠對教學工具、教學場景、教學評價模式和教學策略模型等方面進行變革，提供更多應用場景，推動教育數位化轉型。

7.2.1　變革教學環境，推動教育數位化發展

如今，教育數位化轉型不斷推進。在這樣的背景下，教學工具發生新一輪變革，旨在提高教師的教學效率和教學品質。

例如，銳捷網路提出了「1+N」智慧教學環境解決方案，致力於實現教學環境的簡單易用、場景融合，如圖 7-2 所示。「1」指的是智慧教學互動系統，「N」指的是場景化方案子系統，二者相互助力，共同建構新形態智慧教學環境。

圖 7-2　智慧教學環境解決方案

1・智慧教學互動系統打造良好的教學體驗

智慧教學互動系統由智慧雲黑板、智慧雲大屏、UClass 教學工具、雲 OPS（Operations，運維）構成，能夠為教師、學生帶來更多便利。

對於學生來說，智慧雲大屏能夠使學生獲得卓越的視聽效果，萊茵低藍光與零頻閃可以保護學生視力。

對於教師而言，智慧雲黑板支持通屏粉筆書寫，帶給教師良好的書寫體驗；智慧雲大屏搭配 UClass 教學工具，能夠做到多端協同，隨時調出授課數據。同時，UClass 教學工具還具有掃碼系統，能夠幫助教師進行考勤統計，掌握學生出勤情況。

對於運維人員來說，裝置出現故障時，運維人員無須到達現場，可以透過批次系統映象下發功能實現遠端運維，提高運維效率。

2・N 個場景化方案子系統實現教學創新

銳捷網路建構了以學生為中心的智慧教室，搭配多屏合作研討系統。智慧教室配備了由小組螢幕與可移動桌椅構成的小組訊息島，方便學生交流合作。每個大屏都搭配了教學智慧終端系統，能夠實現大屏與小組屏的靈活切換，教師既可以一鍵切換教師屏，也可以下放許可權讓學生自由討論。智慧教室實現了課堂結構變革，從以教師為中心的講評式課堂，到以學生為中心的研討型課堂，能夠實現個性化、小班化教學，提高學生的知

識吸收效率。

智慧教室還搭載了智慧音影片系統，支持線上、線下兩種教學模式，能夠滿足同步教學、直播課、錄播課、巡查課堂、督導 5 種教學需求。教師可以一鍵發起多方音影片互動教學，使教學打破時空界限，做到跨班級、跨校區、跨網路。

智慧教室具有教學訊息輔助功能，滿足了學校線上巡課、教學活動實時播報等要求。AI 還可以精準分析師生教學模式、師生教學參與情況，讓學校能及時了解班級情況。

3· UClass 智慧教學平台實現教學管理

UClass 智慧教學平台能夠對教學進行全流程管理，課前可以幫助教師設計教學活動，課後可以實現測試、作業批改、學情統計，提高教師的教學效率。

UClass 智慧教學平台支持分角色呈現數據，滿足不同角色的需求。對於教師，其提供全面的學情數據；對於教務人員，其提供整體的教學情況數據；對於管理者，其提供全校教學執行數據。

4· AI 智慧運維，避免教學事故

智慧運維管控系統具有 AI 智慧巡檢功能，能夠檢測常見裝置故障並定位，15 分鐘內能夠巡檢超過 300 個教室，解決人工運維效率低下的問題。AI 智慧巡檢過後還會自動分析運維數據，避免教學事故發生。

總之，銳捷網路的智慧教學環境解決方案打破了傳統教與學的方式，為教師、學生提供了更加智慧的教學環境。未來，銳捷網路將繼續深入探索智慧教學環境解決方案，不斷推動教育朝著數位化、智慧化的方向發展。

7.2.2　變革教學場景，打造 3D 教學場景

　　虛擬實境技術能夠應用於教學活動中，智慧生成 3D 教學場景，給學生帶來虛實互動的體驗。虛擬實境技術具有沉浸性、互動性，能夠生成逼真的虛擬環境，使學生獲得身臨其境般的體驗，更容易理解知識。

　　虛擬實境技術在教育領域的應用十分廣泛，主要有以下兩個優點：

　　（1）虛擬實境技術能夠為學生打造具有真實感的學習環境，提升學習效率。學生在具有真實感的環境中學習，能夠完整地體驗學習過程。在 3D 教學場景中，立體的教學內容更能吸引學生，使學生能夠長久地集中注意力，發現學習的趣味。

　　（2）虛擬實境技術能夠調動學生參與課堂的積極性，學生由被動轉向主動，能夠更好地融入課堂，與教師交流、討論。學生參與度的提升，有助於學生學習成績的提升。

　　虛擬實境技術會對傳統教學模式產生衝擊，並變革傳統教學模式，實現教學方法的創新，培養出複合型人才。虛擬實境技術主要在以下 3 個方面變革教學場景，如圖 7-3 所示。

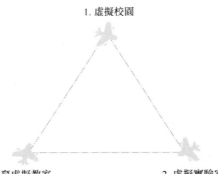

1. 虛擬校園

3. 網路教育虛擬教室　　　　　　　　2. 虛擬實驗室

圖 7-3　虛擬實境技術變革教學場景的 3 個方面

1 · 虛擬校園

虛擬校園即藉助虛擬實境、三維建模等技術，生成與真實校園場景一模一樣的虛擬場景。無論是校園的圍牆，還是內部的門窗、走廊、燈光，都能夠透過虛擬實境技術整合在虛擬校園中。虛擬校園中也有學習資源，這些學習資源都是電子書籍，經過掃描器掃描後數位化儲存在虛擬圖書館。學生進入虛擬圖書館，便可以瀏覽所有電子書籍，就如同在現實中閱讀書籍一樣。學生還擁有自己的虛擬圖書館，如果看到自己感興趣的電子書籍，便可以借閱到自己的虛擬圖書館中自由閱讀。

2 · 虛擬實驗室

在現實教學活動中，許多需要學生透過實驗習得的知識僅能由教師透過理論講述傳授給學生。這是因為部分實驗裝置過於昂貴，無法提供給學生使用；某些實驗過於危險，存在安全隱患，學生無法親身參與。

而虛擬實驗室可以滿足學生參與各種實驗的需求。只要裝置安裝了虛擬實驗室，學生便可以進行操作，增強了學習自由度。而且在虛擬環境中進行實驗操作，能夠避免安全隱患，保護學生的安全。學生不需要考慮現實的種種制約因素，可以盡情開展實驗，增強對學習內容的理解，培養學習興趣。

3 · 網路教育虛擬教室

網路教育因能夠突破時間、地點、成本的限制，且具有靈活性，而受到人們的關注。然而網路教育也受到了不如線下面授的質疑，人們認為，網路教育無法提供真實的學習氛圍，因此無法獲得理想的教學效果。

虛擬實境技術能夠解決這些難題。教師能夠藉助虛擬實境技術出現在

虛擬教室中，為學生授課。學生在虛擬教室中能夠體驗真實的學習氛圍，獲得傳統網路教育無法實現的學習效果。

虛擬實境技術為教學提供了全新的工具，教學煥發新的生機與活力。未來，隨著虛擬實境技術在教育領域的應用不斷深入，更多虛實互動的3D 教育場景將會出現，更好地滿足教育行業的發展需求。

7.2.3　變革教學評價模式和教學策略模型

在傳統教育中，教師一般根據成績評價學生，過度強調甄別與選拔。但是 ChatGPT 的出現表明，凡是有規律的、有章可循的事物都可以被 AI 取代。

在 ChatGPT 的衝擊下，人們不禁思考：在 AI 能夠掌握大部分知識的情況下，教師應該培養學生什麼樣的能力？教師應該將培養目標轉變為使學生具有思考能力，而不是使學生掌握更多的知識。當傳統知識能夠輕鬆被 AI 掌握時，我們應該發展新的評價方式、評價工具等。因此，我們需要變革教學評價模式，重點關注學生的創造力、批判性思維、解決問題的能力等。這些能力需要以知識為載體，卻又超越知識的範疇。

ChatGPT 改變了教學策略模型。在傳統教學中，教師往往採取班級授課的教學策略，然而班級授課具有課堂效率低下、教師無法照顧到每位學生、部分學生無法參與教學活動等弊端。隨著 AI 在教育領域的應用更加廣泛，這些問題得到了解決。AI 能夠對學生數據進行精準分析，並結合學生的課堂表現給出測評報告，幫助教師了解每位學生的情況，實現個性化精準教學。

例如，某位初中教師運用堅知果 AI 智慧課堂授課，實現個性化精準

教學。該教師在授課前，利用堅知果 AI 智慧課堂的「一鍵組卷」功能對學生的學習情況進行課前測驗。透過測驗，該教師可以了解學生的預習情況，並據此調整教學目標與教學重難點，做到精準授課。在講解課前測驗題目時，該教師可以了解學生的易錯題目，實現精準講解，還可以根據作答情況進行針對性提問，檢驗學生是否掌握薄弱知識點。

在講解完知識點後，該教師可以使用試卷檢驗學生對知識的吸收程度。學生在紙質試卷上作答，該教師利用掃描器對試卷進行掃描便可以獲得學生的成績，了解學生的學習情況。該教師會根據學生的成績布置作業，幫助學生進行個性化精準複習：全對的學生完成必做作業即可，出錯較多的學生在完成必做作業後還需要完成其他複習鞏固作業。

對 AI 在教學中的應用，許多教師都十分滿意。有些教師表示，以往的教學需要依靠經驗，篩選出錯誤率高的題目需要教師手動記錄。如今，藉助 AI 分析，教師能夠看出整個班級學生的共性問題，也能看出某位學生的個人問題，根據學生的個人情況進行針對性的教學調整。藉助 AI 的精準分析，教師不再是「廣撒網」式教學，而能夠做到精準講解，提高教學效率和學生學習效果。

有些教師認為，數位化教學更能實現因材施教的目標。一個班級往往有幾十名學生，想要顧及每一位學生，教師的時間和精力都不夠。但藉助 AI 分析，學生的點滴成長都會被記錄下來，教師可以根據學生的學情數據有針對性地提供指導、布置作業，真正做到因材施教。

AI 在教育領域獲得了深入發展，越來越多的教師在課堂上使用 AI 助手。在 AI 的助力下，教師能夠對學生進行多樣化、個性化的教學，在有限的課堂時間中，實現更好的教學效果。

7.3 助力教培發展，智慧學習或是下一站

為了在智慧時代謀求更好的發展，許多教培企業紛紛將 AI、5G 等技術作為驅動力，推動先進技術與教培的融合，智慧學習或許是教培行業發展的下一站。

7.3.1 ChatGPT 將重塑教培的三大場景

ChatGPT 對教培的深刻影響在於其將重塑教培的三大場景，包括增長場景、營運場景和課堂場景，實現場景更新。

（1）增長場景。教培行業的增長手段有兩個，分別是「投放 + 銷售轉化」和「商務合作 + 銷售轉化」。無論哪個場景，想要實現使用者增長都需要與使用者接觸並篩選出合適的目標使用者，實現銷售轉化。

標準的使用者增長轉化流程是：獲得使用者 —— 進行銷售 —— 轉化為私域流量 —— 使用者過濾。ChatGPT 能夠在學習這一套增長轉化流程後，對這套流程進行拆解、吸收和優化。一個已經訓練好的 ChatGPT 能夠與使用者進行上百輪的互動，代替大部分銷售工作。

（2）營運場景。線上上教育中，ChatGPT 可以勝任輔導教師的工作，既能夠進行大班教學，向學生傳授基礎知識，也可以進行小班教學，根據不同學生的特點採取不同的教學方式，實現個性化教學。此外，ChatGPT 還能夠改變語言風格，擔任多個角色，與學生進行情感互動。線上教育的兩大成本端分別是獲取課程和輔導教師。ChatGPT 擔任輔導教師後，線上教育的人力成本大幅降低。

（3）課堂場景。線上教育十分注重人效，即一名教師能夠輔導的學生

的數量。雖然 ChatGPT 與行業內的優秀教師存在著一定的差距，但其可以作為輔助工具，減輕真人教師的壓力。

ChatGPT 是一個非常有潛力的語言模型，其應用在教培行業，能夠重塑教培的三大場景，推動智慧學習實現。

7.3.2　賦能企業教學，提供職業技能培訓課程

企業教學成為教育中的重要一環，能夠提升企業員工的工作能力。ChatGPT 能夠為企業教學賦能，為企業提供職業技能培訓課程。

例如，弘成教育以幫助企業搭建數智化培訓體系為主要目的，在 ChatGPT 的應用方面進行探索。弘成教育主要將精力投入企業數位化學習、數位化轉型和 AI 應用等方面，進行了數據埋點、數據採集等方面的創新，打造了許多優勢服務模組，包括人機互動陪練模式、AI 學習專案智慧營運等。弘成教育的多款產品能夠更容易理解使用者需求，為使用者提供更加智慧的服務。

弘成教育重點推出的產品是「智慧陪練」。智慧陪練主要服務於企業，可以模擬真實工作場景搭建虛擬培訓環境。AI 扮演特定角色，結合語音識別、語音合成、自然語言處理等技術，實現人機互動，提升員工的能力。智慧陪練能夠增強培訓的趣味性，提高員工參與培訓的主動性，在企業內部營造學習氛圍。

弘成教育自 2017 年起便致力於幫助企業解決員工技能培訓問題，目前已經與京東、三菱、BMW 等企業建立了合作夥伴關係。未來，弘成教育將在技術與產品方面繼續創新，利用 ChatGPT 為更多企業提供更加優質的服務。

7.4　商業應用探索：多家企業加大類 ChatGPT 產品研發

ChatGPT 的出現使眾多企業看到了下一步的發展方向，企業紛紛進行商業應用探索，推出類似 ChatGPT 的產品。例如，王道科技計劃推出 Class Bot，實現智慧教學輔導；網易有道自主研發生成式 AI，探索智慧教育領域。

7.4.1　王道科技：Class Bot 功能豐富，實現智慧教學輔導

王道科技是一家線上教育技術企業，計劃推出一款 Class Bot 產品，幫助學校打造線上課程，並以自適應學習的模式提升學生的線上學習效率與畢業率。

Class Bot 作為一個學習輔助工具，主要有 3 個功能，分別是自動生課、智慧助教和自適應學習。這些功能能夠為線上教育提供助力，包括課程準備、自主學習、智慧助教和智慧測評等。

Class Bot 將自動生課作為重點功能。自動生課功能採用了 AIGC 同源技術，可以將學校和教育機構的內部學習數據與網上的學習數據進行整合，標註出學習要點，自動生成課程提綱和測評試卷。同時，Class Bot 配有智慧助教，造成班主任的作用：可以進行答疑，記錄學生的學習進度，對學生的試卷進行批改並總結學生的學習成果。

在自適應學習方面，它能夠實現個性化學習定製，對學生的學習筆記進行管理。課程學習效果較好的學生可以提前學習下一階段的課程，學習效果較差的學生可以反覆鞏固，使學習更加高效。王道科技計劃在 Class

Bot 產品研發完成後，採取 SaaS 模式對它進行推廣。

Class Bot 還可以用於企業員工培訓，能夠幫助企業搭建線上培訓體系，提升企業員工的專業技能。藉助 Class Bot，企業可以打造個性化的「教官」，對培訓內容進行規劃，提高員工培訓效率。

在應用場景方面，Class Bot 將東南亞地區作為首選。因為東南亞地區的初創企業較多，且這些企業內部還未形成完善的培訓體系。王道科技的 Class Bot 可以幫助這些初創企業快速形成知識輸出體系，更高效地進行員工培訓。

ChatGPT 在教育領域的市場前景廣闊，未來將有更多的資金與人才流入，為教育行業帶來巨大變革，AI 應用於教育行業將成為常態。

7.4.2　網易有道：自研生成式 AI

ChatGPT 作為科技領域的熱門話題，受到許多企業的關注。許多企業試圖入局 AIGC 賽道，搶奪早期紅利。有實力的企業積極布局，加大研發力度，推動 AIGC 與各行各業加速融合。

ChatGPT 有著天然的教育「基因」，因此與教育行業的融合十分自然。ChatGPT 能夠解答使用者的各種問題，而教師在教學中需要解答學生的疑問。因此，ChatGPT 可以作為教學工具，輔助教師解答學生的疑問，提高教師教學效率和學生學習效果。

作為教育行業的領先企業之一，網易率先發力，嘗試藉助子公司網易有道將 AIGC 在教育場景落地。網易的這個決定並不是一時興起，而是之前已經採取的舉措的質變。網易是最早布局 AIGC 的網際網路企業之一，早在 2018 年就進行 GPT 模型研究，研發出數十個預訓練模型，覆蓋多個領域。

在遊戲領域，網易推動 AI 與遊戲的結合，創立了網易伏羲、網易互娛 AI Lab 兩個 AI 實驗室，並且有相關應用落地。截至 2023 年 2 月，兩個 AI 實驗室擁有超過 400 項發明專利，持續用技術賦能遊戲內容開發。

在音樂領域，網易藉助網易雲音樂打造 AI 創作工具，持續進行 AI 詞曲編唱、AI 歌聲評價、AI 樂譜識別等技術的研發工作。其中，AI 歌聲評價、AI 樂譜識別技術超過國際先進水準。

在教育領域，網易藉助網易有道布局 AI 產業多年，在多項關鍵技術上取得了傲人的成績，包括電腦視覺、神經網路翻譯等。網易有道詞典為使用者提供免費、優質的翻譯服務。同時，網易有道還為其詞典筆、AI 學習機等產品提供教育知識問答平台，為學生答疑解惑。

網易有道還具有問答機器人功能，能夠為使用者提供個性化的訊息服務。問答機器人能夠對動漫、教育等垂直領域進行精準問答，滿足使用者的知識檢索需求。

網易的探索並不止於此，2023 年 2 月 8 日，根據媒體報導，網易有道的 AI 研發團隊已經投入 ChatGPT 同源技術 AIGC 的研發中，嘗試將 AIGC 技術在教育場景落地。該團隊嘗試將 AIGC 技術應用於 AI 口語教師、中文作業批改等場景，有望推出 Demo 版產品。

網易有道表示，AIGC 技術在教育場景的落地實施是一次顛覆性的創新，探索 AIGC 技術在學習場景的落地，能夠加深技術團隊對 ChatGPT 的理解。

隨著新一輪技術革命開啟，積極擁抱新技術已經成為教育進一步發展的必然趨勢。有實力的教育企業將會憑藉強大的自主研發能力，賦能教育行業，創造出更大的價值。

第 *8* 章 娛樂行業：
ChatGPT 打造豐富的娛樂場景

ChatGPT 為娛樂行業的發展注入了全新活力，能夠賦能遊戲內容創作、音影片內容創作和其他娛樂內容創作。ChatGPT 打造了豐富的娛樂場景，推動娛樂行業朝著智慧化、數位化的方向發展。

8.1 遊戲內容創作：解放遊戲生產力

遊戲內容是吸引使用者的重要因素，但是想要滿足持續增加的使用者需求並不是一件容易的事情。ChatGPT 可以創作遊戲內容，解放遊戲生產力，遊戲開發商可以將精力用於更具創造性的事情上。

8.1.1 遊戲對話指令碼生成，遊戲 NPC 更加智慧

在傳統遊戲中，遊戲 NPC 有固定的臺詞，這限制了使用者與 NPC 的互動，使用者很難獲得沉浸感與互動感。但是 ChatGPT 在遊戲領域的應用，使得遊戲 NPC 更加智慧，可以與使用者自由交流。

例如，遊戲企業育碧釋出了一個名為 Ghostwriter 的 AI 軟體，該軟體能夠一鍵生成 NPC 對話指令碼。使用者能夠與 NPC 即興對話，獲得與真人對話一樣的體驗。AI 能夠進行深度學習與強化學習，逐步提高對使用者及其語言的理解能力，併作出合適的回應。這款 AI 軟體能夠幫助使用

者更加深入地了解遊戲，提高遊戲的可玩性。

智慧 NPC 的應用給遊戲開發商帶來更多商業機會。遊戲開發商可以打造智慧 NPC，並將其投入遊戲中，增強遊戲的可玩性。

ChatGPT 技術用於打造智慧 NPC 還存在一些技術問題。智慧 NPC 與使用者的對話與交流需要占用許多的資源與頻寬，可能會影響遊戲的穩定性；智慧 NPC 的表現與演算法和數據息息相關，如果沒有優秀的演算法，那麼其可能會出現一些無法預估的錯誤；智慧 NPC 還存在隱私與安全問題，可能會洩露使用者的隱私。

針對這些問題，遊戲開發商可以採取以下措施：一是對遊戲 NPC 技術的實際應用效果進行評估，確定其在遊戲中的應用範圍與適用性；二是對計算資源和頻寬進行合理分配，確保智慧 NPC 不會對遊戲的穩定性產生很大影響。

總之，智慧 NPC 投入應用，會給遊戲行業帶來巨大變革，但隨之而來的還有技術上的挑戰。遊戲開發商可以藉助智慧 NPC 的優勢提高遊戲的吸引力，為使用者提供更優質的遊戲體驗，推動遊戲產業健康發展。

8.1.2　劇情、道具智慧生成，滿足使用者探索慾望

ChatGPT 與遊戲結合，使得遊戲擁有更加豐富的劇情與道具。對於遊戲開發商來說，ChatGPT 可以降低遊戲製作成本；對於使用者來說，Chat-GPT 可以生成許多新鮮內容，滿足使用者的探索慾望。

ChatGPT 對遊戲的賦能主要表現在 3 個方面：一是美術方面，Chat-GPT 可以生成角色供美術設計師選擇，減少了美術設計師的工作量；二是道具方面，ChatGPT 可以設計新的武器、技能，自動生成道具並合理規

劃數值，使武器、技能、道具的效能更加平衡；三是怪物回饋機制方面，ChatGPT 可以對怪物回饋機制進行優化，為使用者帶來更加沉浸的體驗；四是劇情方面，ChatGPT 可以自動生成劇情，使使用者更具代入感。

例如，美國遊戲企業 Cyber Manufacture Co. 釋出了其最新軟體 Quantum Engine。Quantum Engine 主要作為 NPC 角色應用於遊戲，可以與使用者展開隨機對話，並根據使用者的回覆，實時生成全新劇情。

Quantum Engine 提供了兩種體驗模式：一種是使用者可以體驗其給定的《駭客帝國》故事；另一種是使用者自己上傳劇本進行體驗。

在第一種模式中，使用者將扮演《駭客帝國》的主角 Neo，AI 將扮演 Morpheus 與使用者互動。AI 能夠根據使用者使用的語言做出相應的回應，包括英語、中文等。在遊戲中，AI 的優點是遵循故事框架和角色設定，不會「出戲」。但缺點是表達過於生硬，使用者無法從文字中看出 AI 的情緒波動；過於依賴故事框架，推動劇情的話語具有很明顯的引導傾向；語音識別有一定的延遲，沉浸感不強等。

Quantum Engine 作為 ChatGPT 智慧生成劇情、道具方面的探索者，為使用者帶來了許多驚喜。其團隊表示，接下來他們將重點研發 AI 互動與遊戲畫面相結合的技術，並致力於推出一款具有可玩性的遊戲。可以預見，該技術應用於遊戲中，將會對遊戲的品質造成一定衝擊，推動遊戲領域向著更高階段發展。

除了 Cyber Manufacture Co. 外，知名沙盒遊戲平台 Roblox 也在積極探索遊戲內容智慧生成方案。Roblox 是一個聚集著 2 億月活躍使用者和 2000 多種遊戲的沙盒遊戲平台，支持使用者進行遊戲創作和遊戲體驗。

為了賦能使用者進行遊戲創作，Roblox 推出了兩款智慧生成工具：

Code Assist（程式碼輔助）和 Material Generator（材質生成器）。

其中，Code Assist 可以根據自然語言提示生成程式碼，幫助使用者將遊戲創作想法轉化為可以接入 Roblox 遊戲的程式碼。透過 Code Assist，使用者可以改變遊戲道具的顏色、道具與使用者互動的方式等。這個工具在有其他程式碼提供參考的情況下才能工作，可以幫助使用者補充細節或進行重複性編碼。

Material Generator 能夠根據提示生成逼真的紋理，模擬不同物體的粗糙度、金屬度等，形成不同的質感。遊戲開發者可以藉助這一工具生成更加逼真的遊戲道具。

當前，以上兩種工具都處於內測中。未來，隨著技術的進步，更加智慧的創作工具將會出現，輔助使用者更便捷地完成遊戲創作。

8.1.3　輔助遊戲開發者進行遊戲測試

遊戲測試是遊戲開發的重要環節之一，可以對遊戲的品質進行檢測，避免遊戲釋出後出現問題，為使用者提供優質的遊戲體驗。在遊戲測試環節，遊戲開發商會針對不同的測試目標使用不同的測試技術，對遊戲玩法、流程、系統等進行全方位的測試，記錄測試中發現的問題並改正。

隨著遊戲數量的增加以及遊戲複雜程度的提升，遊戲測試的需求急遽增加。一些遊戲開發商便將 AI 融入遊戲測試環節，AI 可以執行一些自動化的操作，包括功能、效能和相容性測試等。

例如，Shadowverse（《影之詩》）是一個於 2016 年發行的卡牌對戰遊戲，雖然已經擁有多年發展歷史，但熱度不減。Shadowverse 能夠持續保持熱度的祕訣在於其每 3 個月就會新增一個卡牌包，激發使用者的興趣。

　　測試新卡牌並不是一件容易的事情。在卡牌遊戲中，一張新卡牌需要融入舊卡牌體系中，遊戲開發者需要確保新卡牌與其他卡牌配合的時候沒有 Bug，而且不會打破數值系統的平衡。卡牌遊戲的玩法往往十分複雜，根據操作的不同能夠實現多種玩法。而傳統測試方法耗時耗力，嚴重影響開發進度。

　　Shadowverse 的研發部門收集了大量記錄使用者遊戲過程的遊戲日誌，並將這些日誌轉化為可以用於訓練的數據，對 AI 進行訓練。Shadowverse 的研發部門將訓練好的 AI 進行了複製，有利於加速測試。訓練好的 AI 能夠在卡牌遊戲中持續對局，隨時發現 Bug 並回饋。這種方法可以提高遊戲測試的效率，節約測試成本。

8.1.4　網易《逆水寒》推出智慧 NPC

　　網易在 AIGC 領域深入探索，在《逆水寒》遊戲中推出了智慧 NPC，並計劃將 ChatGPT 接入遊戲中。

　　在智慧 NPC 方面，2023 年 2 月，網易宣布將在《逆水寒》中推出遊戲版 ChatGPT。智慧 NPC 能夠與使用者自由互動，並根據互動的內容，給出不同的行為回饋。根據互動程度不同，使用者與 NPC 建立的關係也不盡相同，可能成為仇人、知心朋友或伴侶。

　　NPC 與 NPC 之間也會互相交流，例如，使用者向 NPC 講述一個故事，NPC 可以將使用者的故事傳遞給其他 NPC。不久後，可能遊戲世界中的所有使用者和 NPC 都知道這個故事。在「逆水寒 GPT」的助力下，智慧 NPC 將會構成巨大的關係網路，使用者的一個小行為可能就會觸動這個網路，產生「蝴蝶效應」。

智慧 NPC 的人設都是大宋江湖中人，訓練數據大多是武俠小說、詩詞歌賦，能夠避免使用者出戲。同時，智慧 NPC 是有情感的，如果使用者在對戰時說「你家著火了」，那麼 NPC 就會趕回家救火；如果使用者曾經給予過 NPC 幫助，那麼與 BOSS 對戰時，NPC 可能會從天而降為使用者擋傷害。《逆水寒》中的每個 NPC 都具有成長性，如果使用者積極與智慧 NPC 互動，將會產生更多的故事。

未來，「逆水寒 GPT」將會應用於《逆水寒》的多個方面，為使用者帶來更加優質的遊戲體驗。

8.1.5　新興遊戲創作平台誕生，成為遊戲行業新潮流

在遊戲領域，許多遊戲公司透過接入 ChatGPT，實現 AI 生成遊戲劇情、AI 生成動畫等。在 AI 技術的推動下和企業的發力下，許多新興遊戲創作平台誕生。

以 ChatGPT 為代表的 AIGC 應用在遊戲領域大有可為，很多公司都將 AIGC 融入遊戲製作流程。對於遊戲公司來說，打造 AIGC 遊戲創作平台是一個有前景且能夠長期深耕的發展方向。

2022 年 1 月，聚焦「AIGC+ 遊戲」的公司理想愛豆（深圳）科技有限公司（以下簡稱「理想愛豆」）成立，主要業務是進行 AIGC 遊戲創作平台的研發與營運。

理想愛豆在研的產品 HyperNET 平台可以實現遊戲智慧創作、結合使用者畫像個性化推薦等，豐富使用者的遊戲體驗。HyperNET 平台具有以下核心功能，如圖 8-1 所示。

圖 8-1 HyperNET 平台的核心功能

1 · 遊戲創作平台

　　HyperNET 平台支持使用者透過語音或文字生成個性化的遊戲內容。遊戲內的 NPC 具備不同型別的智慧體，在遊戲中學習並進化，能夠與使用者進行情感互動。遊戲關卡透過 AI 生成，AI 可以對熱門遊戲關卡進行分析，生成受使用者歡迎的關卡內容。

2 · 大數據分析平台

　　大數據分析平台可以為遊戲創作平台提供海量數據，並根據使用者的遊戲行為分析遊戲內容的健康度，給出打分指標。分析結果可以為 AI 模型的持續訓練提供數據支撐，進而生成更加優質的遊戲內容。

3 · 渲染集群

　　渲染集群對 AIGC 生成的遊戲內容進行二次加工潤色，提升遊戲渲染效果和流暢度。

　　當前，雖然 HyperNET 平台還處於研發階段，但 HyperNET 的這種嘗試無疑引領了遊戲行業發展的新潮流。遊戲公司集結優秀的遊戲開發人員、AI 專家等打造 AIGC 遊戲創作平台，在未來或許會成為趨勢。

8.1.6　兩大發展路徑：AI 大模型為遊戲公司賦能

　　AIGC 技術能夠和遊戲深度融合。在 ChatGPT 的助力下，遊戲行業將會提升研發速度、遊戲品質和使用者體驗，進入新的發展階段。

　　目前，入局 AIGC 的遊戲公司主要有兩種布局路徑：一種是自主研發 AI 大模型和相關技術；另一種是接入第三方模型，例如，百度旗下的文心大模型、阿里巴巴的通義大模型等。

　　其中，選擇自主研發 AI 大模型的公司主要有騰訊、網易等。騰訊在 AIGC 領域已有布局，基於自身在 AI 大模型、機器學習演算法等方面的技術儲備，進一步探索 AIGC 應用。騰訊推出的混元 AI 大模型，涵蓋了自然語言處理、電腦視覺等基本模型和眾多行業模型，為微信、騰訊廣告、騰訊遊戲等多方面的業務提供支持。

　　網易雖未公布旗下 AI 大模型的名稱，但明確表示早在 2018 年便已啟動生成式預訓練模型的研究工作，將在未來持續加大研發投入，加快 AIGC 相關產品的突破。在應用方面，網易有道已經接入 AIGC 技術，在 AI 口語老師、作文批改等方面嘗試應用。

　　此外，一些遊戲公司選擇接入第三方模型。在百度公布文心一言產品後，不少遊戲公司都表示將接入這一產品，成為百度的合作夥伴。另外，也有一些遊戲公司接入 ChatGPT 的 API，進行產品測試。接入第三方模型的公司具體如表 8-1 所示。

表 8-1 接入第三方模型公司一覽表

公司	底層模型	發展方向
巨人網路	將接入文心一言	將借助文心一言的技術能力，與百度展開深度合作。將打造完善的遊戲行業解決方案,並將其應用於遊戲行銷、遊戲NPC、遊戲設計等業務中
中手遊	將接入文心一言	將借助文心一言的技術能力，在旗下遊戲《仙劍世界》中引入可智慧交互的NPC
天娛數科	將接入文心一言	天娛數科在虛擬數位人方面已經有所探索，未來將借助文心一言的技術能力，打造更加智慧的解決方案，在虛擬主播、智慧客服等方面拓展應用
湯姆貓	接入OpenAI旗下ChatGPT的API，進行語音互動功能的測試	公司已借助ChatGPT模型進行AI交互產品的測試，應用範圍包括「湯姆貓家族」IP下的各款遊戲。目標是將「會說話的湯姆貓」升級為「會聊天的湯姆貓」

　　無論選擇自主研發大模型還是接入第三方大模型，都展現了遊戲公司對 AIGC 的重視。當然，市場中還有一些遊戲公司並未表態，處於觀望之中。但隨著 AIGC 的發展和 AI 大模型的普及，市場中布局 AIGC 的遊戲公司將會越來越多。

8.2　音影片內容創作：豐富使用者娛樂體驗

　　在音影片領域，AI 生成歌曲、進行樂譜創作等將成為現實，ChatGPT 將引發音影片內容創作方式的變革。ChatGPT 還能夠幫助音樂家製作音樂專輯，為觀眾帶來全新視聽體驗。

8.2.1　ChatGPT 音樂生成：歌曲創作 + 生成樂譜

　　ChatGPT 功能的強大使使用者感知到技術的創造力。在音樂領域，ChatGPT 可以用於 AI 歌曲創作和生成樂譜，幫助使用者創作音樂作品。

在 AI 歌曲創作方面，科技公司崑崙萬維打造了 StarX MusicX Lab 音樂實驗室，並依託專業的音樂製作和海外發行能力，向全球市場輸出高品質 AI 音樂。StarX MusicX Lab 音樂實驗室已在 Spotify、網易雲音樂等海內外音樂平台發行了近 20 首 AI 生成的歌曲。

同時，StarX MusicX Lab 音樂實驗室的 AI 作曲業務實現了商業化落地，與時尚、遊戲等不同行業的多家公司達成合作。

例如，StarX MusicX Lab 音樂實驗室與 AI 數位人神經渲染引擎「倒映有聲」合作，推動動漫 IP「魔鬼貓」數字分身以虛擬藝人的身分推出 AI 歌曲 ——《橘子果醬 Orange Marmalade》。這首節奏鮮明、旋律動聽的 AI 歌曲一經上線，就受到了歌迷的稱讚。

此外，StarX MusicX Lab 音樂實驗室將大量民族音樂數據用於 AI 模型訓練，並進行創作風格校驗，讓 AI 打造出具有中國風的優秀音樂作品。

在生成樂譜方面，QQ 音樂進行了嘗試。2023 年 3 月，QQ 音樂上線了 AIGC 黑膠播放器，可以根據使用者輸入的文字或圖片，生成不同風格的播放器，推動了播放器設計的創新。除了生成播放器封面外，QQ 音樂還開發了智慧曲譜功能。

如果使用者想要學習彈唱一首歌，首先需要做的便是找曲譜，然而網際網路上的曲譜大多不完整，且篩選起來十分困難。QQ 音樂推出智慧曲譜功能，藉助 AI 技術生成歌曲曲譜，包含烏克麗麗曲譜、鋼琴曲譜、吉他曲譜等。QQ 音樂的智慧曲譜比人工曲譜更完善，具有節拍器、常用節奏型選擇等功能，滿足使用者的多種需求。

隨著 AI 技術的發展與完善，ChatGPT 將成為音樂內容創作的主流工具。崑崙萬維打造 StarX MusicX Lab 音樂實驗室推出 AI 歌曲、QQ 音樂

藉助 ChatGPT 全面更新使用者體驗等，給音樂內容創作帶來了巨大想像空間。未來，AI 音樂的落地場景將進一步豐富，助力虛擬 IP 營運、品牌數位化行銷等。

8.2.2　智慧語音生成：有聲讀物 + 智慧客服

ChatGPT 能夠實現智慧語音生成，為使用者帶來更多便利。智慧語音的應用場景廣泛，能夠合成有聲讀物，或者作為智慧客服為使用者帶來智慧、高效的生活體驗。

有聲讀物製作分為兩種方式，分別是人工錄製和 AI 生成。人工錄製具有更好的聲音表現力，但是製作週期過長，製作價格高昂，很難回本。而 AI 生成能夠大幅降低製作成本，提高了生產效率和價效比。並且，隨著智慧語音技術不斷成熟，AI 的聲音與人聲十分接近，能夠廣泛用於有聲讀物製作。

騰訊在 AI 領域進行了深入研究，推出了音影片創作平台 —— 聲咖。聲咖具有 AI 配音功能，能夠用於有聲讀物的錄製。聲咖的操作十分簡便，使用者可以將各種格式的文詞彙入，選擇自己喜愛的 AI 配音，便可以輸出有聲讀物。聲咖能夠在提質增效的情況下幫助使用者創作符合自己喜好、具有沉浸感的有聲讀物。

在智慧客服方面，AI 能夠代替人工，與使用者進行自然的對話，理解使用者的意思並提供相關解答。在這方面，亞馬遜雲科技率先推出了一套智慧客服解決方案，利用 AI 技術為企業搭建個性化的服務體系，幫助企業提升營運效率。

例如，某知名電商平台擁有上億名活躍使用者，為了進一步提升使用

者體驗，其與亞馬遜雲科技合作，搭建了一個智慧客服平台。該智慧客服平台主要有以下幾個功能，如圖 8-2 所示。

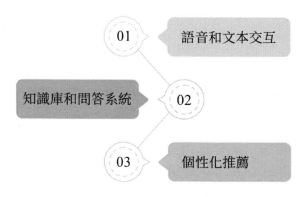

圖 8-2　智慧客服平台的功能

（1）語音和文字互動。智慧客服可以透過語音、文字的方式與使用者對話，為使用者提供服務。智慧客服取代人工能夠提高工作效率，獲得了許多使用者的認可。

（2）知識庫和問答系統。智慧客服每次回答使用者的問題，都需要從海量的數據中檢索訊息。這需要強大的知識庫和問答系統，該電商平台的智慧客服可以回答多個種類、多個場景的問題，覆蓋使用者購物全過程。

（3）個性化推薦。為了滿足使用者的需求，智慧客服基於使用者的興趣、需求和瀏覽記錄，為他們推薦合適的產品和優惠活動，提高使用者的購物頻率和留存率。智慧客服能夠對使用者的偏好、購物場景等因素進行分析，進行精準的推薦，提高使用者的購買意願。

智慧語音生成技術有著廣闊的應用場景，未來將實現進一步拓展，創造更多有趣、富有創意的內容。

8.2.3　ChatGPT+ 剪映：一鍵生成短影片

近幾年，短影片的熱度居高不下。許多使用者想要製作短影片，卻擔心技術不過關。使用者可以使用 ChatGPT 和剪映，無須專業技能也可以實現指令碼創作和影片剪輯。使用 ChatGPT 和剪映生成短影片主要分為 4 個步驟。

（1）使用 ChatGPT 進行指令碼創作。使用者可以在 ChatGPT 中輸入自己想要的影片內容，例如，「請以好好學習十分重要為主題生成一個短影片指令碼」，ChatGPT 便會為使用者生成一份指令碼。如果使用者對 ChatGPT 生成的指令碼不滿意，可以反覆與它對話，直至得到滿意的指令碼。

（2）開啟剪映，輸入指令碼。使用者開啟剪映後，點選「一鍵成片」，然後將指令碼黏貼到視窗。

（3）修改影片的封面、字幕等細節。使用者可以根據剪映的提示修改影片封面，以吸引目標人群。使用者還可以修改、微調字幕，使其與影片更加貼合。使用者還需要優化影片的一些細節，如新增特效、新增合適的音樂等，使影片更具趣味性。

（4）生成影片。編輯影片後，使用者點選「匯出」便可將影片儲存下來。同時，使用者可以選擇解析度、影片格式等，滿足不同裝置與平台的需求。

ChatGPT 與剪映的強大組合可以做到短時間內生成高品質的影片。無論使用者是為個人帳號打造內容還是為品牌打造宣傳片，ChatGPT 與剪映都能為其提供強大助力，幫助使用者節省時間和精力，提高影片創作效率。

8.2.4　ChatGPT 幫助音樂家製作音樂專輯

2023 年 2 月，一個名為大衛·多明尼·福勒（David Domminney Fowler）的音樂家嘗試利用 ChatGPT 製作音樂專輯。大衛是一個熱愛音樂與程式設計的人，在 ChatGPT 問世後，其將音樂與程式設計相結合創作音樂作品。

大衛深入挖掘了 ChatGPT 在音樂創作方面的價值，利用 ChatGPT 創作歌詞、對音樂作品進行改進、優化。

大衛認為，在使用 ChatGPT 時，應該與 AI 建立有效的溝通。在幾次嘗試利用 ChatGPT 編寫旋律、和弦，但都以失敗告終後，他改變了與 AI 溝通的方法。大衛編寫了一些將和弦新增到 midi 檔案的函式，並將函式複製到 ChatGPT 中，這樣 ChatGPT 就能學會如何編寫旋律、和弦。

雖然 ChatGPT 初期生成的內容並不能使大衛滿意，但改變溝通方式並多次交流後，ChatGPT 可以進行樂譜編寫與音樂創作。

8.2.5　微軟音樂 AI：實現遊戲自動配樂

AI 在音樂領域已經得到了初步發展，例如，智慧編曲、高度擬人化的聲音等。而隨著相關技術不斷成熟，AI 具有更加多樣的功能，能為使用者提供更多便利。

2022 年年末，微軟申請了一項用於編寫樂譜的 AI 模型的專利。這項技術能夠用於為遊戲、電視節目等製作音樂、聲音、其他音樂元素。

這項技術落地應用後，用 AI 為遊戲創作音樂將成為現實。在遊戲中，場景不同，使用者表現不同，背景音樂和音效也不同。但當前遊戲中

使用的音樂一般是人工提前編輯好的固定音訊，在使用者觸發後播放。而該 AI 模型可以以視覺、音訊等作為調控引數，生成更加多樣的遊戲音樂。其能夠根據使用者的不同表現創作出個性化的音效，即使是體驗同一款遊戲，不同使用者在遊戲中獲得的音樂體驗是不同的。

微軟對該 AI 模型進行了介紹，表示其能夠分析人們的情緒、表情、所處環境等，並結合圖文訊息，生成與遊戲畫面、電視畫面等相匹配的音訊。同時，該 AI 模型可以根據不同的場景生成不同的背景音樂，如為遊戲角色的登場設計一段大氣磅礴的管絃樂、在遊戲角色死亡時設計一段悲傷的音樂等。此外，在音效方面，該 AI 模型可以讓遊戲、電視節目中的爆炸聲、打鬥聲更加真實。

雖然這項技術還沒有真正投入使用，但依據微軟的描述，我們可以想像，在不久的將來，AIGC 在音樂內容創作方面將獲得更大發展。

8.3　其他娛樂內容創作

ChatGPT 在娛樂行業的應用場景十分廣泛，除了進行遊戲內容和音影片內容創作外，還能夠進行其他娛樂內容的創作，包括劇本殺、漫畫指令碼、虛擬形象等。

8.3.1　劇本殺智慧創作：根據背景設定創作劇本

劇本殺是一種需要使用者進行角色扮演的推理遊戲，受到很多年輕使用者的歡迎。ChatGPT 與劇本殺相結合，可以根據背景設定創作劇本，實現劇本智慧創作，降低人力成本。

ChatGPT 在劇本殺行業發揮著重要作用，其生成的內容並不是碎片化的訊息，而是具有關聯性的短文。這對於劇本殺創作者來說十分方便，可以提高其創作效率。劇本殺創作者需要設定故事背景、大致故事走向和具體的場景結構，ChatGPT 可以對具體的情節內容進行補充，並以劇本的形式呈現，節約劇本殺創作者的時間。

雖然 ChatGPT 對劇本殺創作的助力很大，但是劇本殺創作者想要利用其系統性編寫劇本並投入具體應用中，操作難度很大。劇本殺創作者需要對 ChatGPT 進行針對性訓練，以使其適應劇本殺的模式。為了更好地利用 ChatGPT 進行劇本殺智慧創作，劇本殺創作者需要做一些準備工作，如圖 8-3 所示。

明確劇本的受眾與風格

收集大量文本數據

二次訓練ChatGPT

頻繁與ChatGPT交流

圖 8-3　劇本殺創作者的準備工作

（1）明確劇本的閱聽人與風格。劇本殺創作者需要明確劇本的目標閱聽人型別、風格、特徵等，並將這些訊息傳達給 ChatGPT。

（2）收集大量文字數據。ChatGPT 需要學習大量的文字數據，這樣才能生成劇本殺創作者想要的文字。

（3）二次訓練 ChatGPT。劇本殺創作者需要對 ChatGPT 進行二次訓練，將 ChatGPT 與垂直的劇本殺場景融合，提高 ChatGPT 的內容輸出能力。

（4）頻繁與 ChatGPT 交流。劇本殺創作者可以透過與 ChatGPT 交流，了解 ChatGPT 學到的內容，從而引導它進行劇本創作。

總之，ChatGPT 能夠以海量數據為支撐進行劇本創作，但想要得到優秀的作品，劇本殺創作者需要對其進行大量訓練。

8.3.2　漫畫指令碼創作：創作有趣的單面板漫畫

ChatGPT 的內容創作能力十分強大，不僅可以進行劇本創作，還可以進行漫畫指令碼創作。Medium 上的一位博主曾與 ChatGPT 合作，創作出有趣的單面板漫畫。

該博主向 ChatGPT 提出「生成單面板漫畫」的要求，ChatGPT 以漫畫指令碼做出回應：一個簡筆畫小人坐在電腦前打字，小人頭上的思想泡泡中的內容為「我剛剛花費了 5 個小時在維基百科上，現在我成了 Underwater basket weaving（水課）的專家」。不得不說，ChatGPT 建立了一個幽默的漫畫指令碼。

隨後這位博主逐步增加要求，如「將狗作為主角創作單面板漫畫」「將狗作為主角並按照《紐約客》的風格創作單面板漫畫」「以《紐約客》的風格進行單面板漫畫創作，主角包括一隻散步的狗，既要有趣又要憤世嫉俗」等。隨著博主的語言從簡練到具體，ChatGPT 輸出的單面板漫畫指令碼也越發有趣，最後創作出了「一群小鳥坐在電線上，有一隻鳥舉著一把傘」的漫畫指令碼。

在這位博主與 ChatGPT 的合作中，隨著博主提出要求的次數增多，ChatGPT 生成的漫畫指令碼越來越有藝術性。這是因為 ChatGPT 具有根據上下文疊代答案的能力。ChatGPT 具有極強的語言理解能力，能夠識別

使用者語言中的關鍵訊息，並生成相應的回答。

隨著 ChatGPT 不斷學習、進化，其能力不斷提升，在未來將會生成更多有趣的漫畫指令碼，為創作者提供便利。

8.3.3　虛擬形象創作：輕鬆打造虛擬形象

為了滿足使用者的需求，越來越多的平台推出轉換圖片、影片風格的功能。2023 年初，3D 虛擬形象生成平台 Ready Player Me 推出了使用生成式 AI 建立虛擬形象服裝的功能。憑藉該功能，使用者能夠以文字形式描繪虛擬形象服裝的特徵，然後便會得到 AI 自動生成的對應的服裝道具。

Ready Player Me 表示，將在未來推出更多生成式 AI 功能，讓使用者能夠根據性別、年齡等個性化特徵建立虛擬形象。截至 2023 年 2 月，Ready Player Me 已經與許多應用程式、遊戲、虛擬世界開發者達成了合作，為其建立虛擬形象提供技術支援。

例如，Ready Player Me 與虛擬實境遊戲 VRChat 達成合作，允許其使用者透過 Ready Player Me 打造虛擬形象。作為一個深受使用者喜愛的虛擬實境遊戲，VRChat 支持使用者以虛擬化身探索內容豐富的虛擬世界，使用者可以在其中唱歌、跳舞、社交、玩遊戲等，獲得沉浸式體驗。

VRChat 使用者在建立虛擬形象時無須下載軟體開發工具包，只需要登入 Ready Player Me 網站並上傳一張個人形象照，就能夠實現虛擬形象自動生成。虛擬形象生成後，使用者還能夠透過自定義功能進一步調整虛擬形象。虛擬形象最終製作完成後，使用者只需將其匯入 VRChat，就可以在 VRChat 中使用這款虛擬形象了。

此外，即使沒有個人形象照，使用者也可以建立個性化的虛擬形象。

Ready Player Me 為使用者提供了包括服裝、配飾在內的約 200 個自定義屬性，滿足使用者的個性化需求。

8.3.4　引入 AI 技術，快手推出「AI 動漫臉」

輸入關鍵詞、上傳一張圖片，便可一鍵生成一張二次元風格的圖片。其背後的核心技術是 AI 生成圖片。2023 年以來，AI 繪畫在社交媒體刷屏，社交平台紛紛布局，推出 AI 創作功能。

2022 年 11 月，快手上線了「AI 動漫臉」風格化特效，寫實圖片可以瞬間轉換為二次元風格的動漫圖片，搭配音樂和動態花瓣效果，二次元氛圍感十足。這一功能點燃了使用者的參與熱情。上線第 3 天，相關話題便登上快手熱榜。僅 11 月 24 日一天，「AI動漫臉」相關作品數量突破 30 萬，播放量超過 4000 萬次，成為深受使用者喜愛的爆款特效。

藉助這一功能，使用者可以一鍵生成二次元圖片，了解自己的「動漫臉」究竟是怎樣的，還可以用這種形式定格生活中的美好場景，如家人團聚、朋友相會等。眾多明星也紛紛嘗試，變身漫畫中的元氣少女、英氣逼人的王子等。

「AI 動漫臉」展現了 AI 生成圖片技術的發展。但因為當前 AI 在理解圖片方面存在偏差，所以生成的 AI 繪畫作品也存在一些問題，如將少女轉換為狼人、性別識別錯誤等。使用者在快手上建立了「無所謂我會出手馴服 AI」的話題，分享 AI 創作的各種搞笑作品。一些意料之外的轉換結果反而激發了使用者的分享欲，成為新的社交話題。

隨著 AI 繪畫的火熱，AI 繪畫小程式不斷湧現，並紛紛入駐快手。以 AI 繪畫小程式「意間 AI 繪畫」為例，自上線以來，該小程式的使用者數

量持續增長，截至 2022 年 11 月 22 日，註冊使用者數量突破 1000 萬。而在入駐快手之後，意間 AI 繪畫為快手使用者解鎖了更多玩法。2022 年 12 月，意間 AI 繪畫還發起了「AI 繪畫創作師大賽」，用現金抽成、無門檻流量、熱榜權益等獎勵吸引使用者參與，進一步激發了使用者藉助 AI 工具進行繪畫創作的熱情。

　　未來，ChatGPT 將在內容生成領域深入發展，這一新興市場也會吸引更多企業進入。ChatGPT 將會在娛樂領域更多細分賽道落地應用，生成更多趣味性內容。

第 *9* 章　電商行業：ChatGPT 多維度變革電商業態

「ChatGPT+ 電商」成為新的電商發展模式，變革了電商行銷內容、行銷場景。對於行業來說，ChatGPT 提高了電商行業的內容生產效率；對於使用者來說，ChatGPT 提升了使用者的購物體驗。

9.1　行銷內容：ChatGPT 打造多元行銷內容

ChatGPT 能夠賦能內容創作，實現行銷文字、行銷圖片和行銷影片智慧生成，使電商行業的內容生產由以人為主體轉變為以機器為主體，提高電商行業內容生產效率，降低成本。

9.1.1　生成行銷文字：行銷文案 + 行銷郵件

在電商行業，優質的行銷文字可以幫助賣家吸引更多的使用者，獲得更大的收益。然而，人工撰寫行銷文字效率低下，產生的經濟效益十分有限。而 ChatGPT 的出現為電商賣家提供了便利，許多電商賣家將 ChatGPT 應用於行銷中。ChatGPT 可以快速生成高品質的行銷文字，解決電商賣家在行銷文案和行銷郵件方面面臨的問題。

在行銷文案生成方面，賣家可以使用「微撰」撰寫行銷文案。微撰是一款文案寫作工具，可以智慧生成行銷文案。賣家只需要輸入關鍵字或句

子，微撰便可以根據產品的特點、市場趨勢等，生成符合賣家要求的文案。同時，微撰還可以對文案中的語法、拼寫等錯誤進行自動識別，從而提高文案的品質。

微撰支持多種訪問形式，包括電腦、手機和小程式等。使用者可以隨時隨地生成文案，方便快捷。

如何撰寫行銷郵件是很多電商賣家在行銷推廣中遇到的難題。電商賣家在撰寫行銷郵件時，經常會出現郵件內容重複、影響轉化、內容模板老套、無法吸引消費者等問題。如何優化行銷郵件，提高電商賣家與消費者之間的溝通效率呢？電商賣家可以利用 AIGC 應用撰寫行銷郵件。

例如，網易外貿通開發了 AI 寫信功能，其具有兩種功能：一是可以利用 AI 撰寫郵件；二是可以使用 AI 潤色郵件內容。

AI 寫信功能支持撰寫不同場景的郵件，有許多郵件型別可供電商賣家選擇，如產品介紹郵件、節日祝福郵件等。電商賣家只需要輸入店鋪訊息、商品訊息或商品的關鍵詞，AI 便可智慧生成一封郵件。如果電商賣家對郵件不滿意，可以點選重新生成，獲得一封新郵件。確認郵件內容後，電商賣家點選「填入到郵件」，便可以直接發送行銷郵件。

AI 潤色功能可以幫助電商賣家潤色自己撰寫的郵件。電商賣家輸入郵件內容後，便可以對內容進行一鍵潤色。電商賣家不僅可以選擇郵件的具體用途與使用場景，還可以選擇郵件的語氣，如委婉、親切、商務等，十分便捷。

「ChatGPT+ 電商」的模式，大幅提升了電商賣家的內容生產效率，提高了內容品質，為電商賣家的內容創作開啟了全新的發展空間。

9.1.2　生成行銷圖片：文字描述轉圖片

　　電商賣家上架新產品需要拍攝大量圖片，耗費人力、物力與時間。而如今，ChatGPT 能夠幫助電商賣家自動生成需要的圖片，降低生成圖片的成本。

　　ZMO.AI 是一個創立於 2020 年的 AI 繪畫平台，主要為電商賣家提供 AI 模特圖片解決方案。電商賣家只需要提供服裝產品圖片與模特指標，ZMO.AI 便能生成賣家需要的模特圖片。ZMO.AI 研發了一款 AI 模特生成軟體，電商賣家可以使用這款軟體自定義模特的面孔、身高、膚色、體型，得到一個符合自己要求的模特。

　　與傳統的拍攝相比，ChatGPT 自動生成圖片能夠節約電商賣家的成本與時間。電商賣家宣傳產品需要藉助於精美圖片，拍攝圖片耗費時間，後期修圖也需要時間，而合成圖片能夠節約這一部分時間。ZMO.AI 官方數據顯示，ZMO.AI 的中文平台「YUAN 初」能夠幫助電商賣家降低 90% 的營運成本，提高 10% 的圖片製作效率，提升 50% 的客戶轉化率。

　　ZMO.AI 具有方便快捷的特點，電商賣家只需要用語言詳細描述創意，AI 就可以生成大量圖片，電商賣家可以從中挑選合適的圖片。

　　為了給電商賣家提供更多便利，ZMO.AI 計劃建構一個線上社群，電商賣家可以在社群中分享生成的圖片，為其他電商賣家提供靈感。如果電商賣家覺得某張圖片很有趣，可以給這張圖片融入自己的元素，生成一張新的圖片。

　　ChatGPT 生成圖片給電商賣家提供了新的發展空間，ChatGPT 能否在電商行業長久發展，在一定程度上取決於其能否為電商賣家帶來長久的利益。

9.1.3　生成行銷影片：一鍵生成＋個性化創作

　　如今，短影片十分火熱，為了更好地吸引消費者，許多電商賣家藉助短影片推廣產品。短影片創作有一定的技術門檻，對於許多電商賣家來說，AIGC 影片生成為他們的短影片創作提供了助力。

　　電商賣家可以藉助 AI 影片生成軟體進行影片創作。例如，Pictory 是一款 AI 影片生成應用，電商賣家可以在沒有影片創作經驗的情況下，藉助其編輯、創作影片。電商賣家只需提供影片指令碼，Pictory 便可輸出一個製作精良的影片，電商賣家可以將這個影片釋出在自己的短影片帳號上，吸引消費者。此外，Pictory 還擁有利用文字編輯影片、建立影片精彩片段、為影片新增字幕等功能，降低影片創作門檻。

　　具有同樣功能的還有 InVideo。InVideo 是一個成立於 2017 年的影片製作平台，致力於為有需求的人提供影片編輯工具。InVideo 為沒有影片製作經驗的電商賣家提供了一個 AI 驅動的影片編輯工具，電商賣家能夠藉助該影片編輯工具在幾分鐘內創作一個影片。

　　藉助影片編輯工具，電商賣家可以按照自己的喜好為影片設定字型、動畫、濾鏡等，還可以新增自己喜愛的音樂。InVideo 為電商賣家提供了超過 300 萬個影片庫、100 萬個影片庫以及 1500 多個影片模板。如果電商賣家在製作影片時遇到字幕無法對齊的問題，可以藉助 Intelligent Video Assistant（智慧影片助手）解決問題。

　　藉助 AIGC 影片創作工具，電商賣家可以開拓新的銷售場景，吸引更多潛在消費者，創造更多的經濟收益。

9.1.4 阿里媽媽：智慧生成文案 +ACE 影片智慧剪輯

阿里媽媽是阿里巴巴旗下的數字行銷平台，能夠幫助電商賣家提升行銷效果。在文案方面，阿里媽媽推出了 AI 智慧文案；在影片行銷方面，阿里媽媽推出了 ACE（Alimama Content Express，直播間智慧技術套裝）影片智慧剪輯功能，全方位助力電商行銷。

阿里媽媽 AI 智慧文案是一款 AI 自動生成文案產品，其透過分析淘寶、天貓的大量數據，生成「千人千面」的高品質的商品文案。該產品在生成文案的同時十分注重商品屬性的多元化，能夠根據電商賣家輸入的關鍵詞輸出不同的文案，滿足不同電商賣家的需求。例如，電商賣家在 AI 智慧文案產品中分別輸入「短款、連衣裙、仙女風」「長款、端莊、連衣裙」，會獲得差異化的連衣裙文案。

AI 智慧文案具有「What+Why」的文案生成邏輯，以實現商品屬性的多樣性。文案的前半段是「What」，主要是根據商品的關鍵詞進行功能描述和產品介紹；後半段是「Why」，根據前半段的內容進行有邏輯的續寫，主要描述商品的優點、能給使用者帶來的價值等。「What+Why」的邏輯打造出差異性明顯的文案，提升文案多樣性。

阿里媽媽稱，「千人千面」的 AI 智慧文案產品以 AI 演算法為支撐，持續助力電商營運。阿里媽媽希望將 AI 智慧文案產品融入電商的日常營運中，根據客戶或行銷目的的不同生成不同風格的文案，從而提高使用者的購買轉化率。

阿里媽媽還推出了 ACE 影片智慧剪輯功能，賦能淘寶直播。基於先進的 AI 技術，該功能具備超強的行業個性化劇本智慧剪輯能力，可以為商家提供具有行業特色的高品質直播劇本。

首先，該功能可以透過對直播數據的分析，梳理不同行業對成交有利的內容標籤，並據此對直播劇本進行智慧優化，形成具有行業特色的個性化劇本，以提升直播轉化的效果。其次，該功能能夠根據影片內容提煉出吸引使用者的標籤，並將標籤展示在直播介面，便於使用者自由選擇直播片段，輕鬆觸達產品，進行高效決策。最後，該功能還會根據行業投放數據、內容標籤等對直播劇本效果進行分析，並智慧優化劇本，直到實現穩定的直播投放效果。

在這一功能的助力下，行業劇本能夠將使用者的興趣與主播的介紹相結合，剪輯出吸引使用者的片段，提升產品的銷售額。此外，阿里巴巴還對高游標籤進行了更新，由 1.0 更新到 2.0，產品亮點更加精準，有助於各個品牌提升經營效能。

藉助 ACE 影片智慧剪輯功能，不少商家都實現了直播效果的提升，商品轉化率大幅提高。例如，森馬利用該功能重點挖掘了使用者的需求，並以細節化標籤直擊使用者痛點，提升了產品對使用者的吸引力；薇諾娜透過智慧標籤了解使用者，並以全天候直播的方式持續吸引使用者，提升了整體直播成交量；珀萊雅作為知名的美妝品牌，利用行業專屬劇本提升品牌內容品質，實現長效營運。

身處電商行業，品牌需要擁有優秀的文案能力，以持續吸引使用者，而直播則是電商品牌的重要行銷陣地。未來，阿里媽媽將持續探索，推出更多 AIGC 行銷工具，賦能電商行業發展。

9.1.5　藍色游標：推出行銷內容智慧生成解決方案

藍色游標是一家行銷企業，推出了一款集機器學習和大數據處理於一身的智慧行銷決策平台 —— 銷博特。銷博特於 2022 年 12 月推出了「創策

圖文」行銷套件。該行銷套件能夠從創意、文案、策劃等方面，為企業提供智慧一體化的內容生成方案。創策圖文行銷套件是一種新型的 AIGC 內容行銷工具，能夠助力數位化行銷，實現行銷內容的線上化、精準化和個性化，為使用者提供更加有質感、情感、體驗感的新型行銷體驗。AIGC 創策圖文行銷套件主要包括以下功能，如圖 9-1 所示。

圖 9-1　AIGC 創策圖文行銷套件的主要功能

1 · AI 創意生成

創意風暴：透過 NLP 技術激發啟發性短語，捕捉創意靈感和火花，並整合相關元素之間的關聯性，根據關聯性推薦創意概念。

創意羅盤：企業根據使用者特徵和產品賣點獲得內容創意啟發。

2 · AI 策略生成

使用者畫像：結合行為心理學，透過使用者調研數據和社群數據一鍵生成使用者畫像。

智慧策劃：企業輸入任務指示，系統後臺在 15 分鐘內自動生成使用者行銷策劃案。

3·AI 圖片生成

創意畫廊：「康定斯基」抽象畫生成平台，根據使用者輸入的關鍵詞或者上傳的圖片，一鍵生成抽象畫。

一鍵海報：輸入關鍵詞或者語句，圍繞行銷熱點一鍵生成行銷海報。

4·AI 文字生成

品牌主張：基於品牌調性、品牌名，一鍵生成定製化的品牌口號。

AI 易稿：基於稿件模板進行輔助性寫作。

國風文案：基於品牌、調性和核心句子撰寫品牌文案。

銷博特在文案自動生成和創意自動生成方面已經獲得多個軟體的著作權，包括品牌主張、國風文案、創意機等。在策劃案自動生成領域，銷博特結合 NLP 技術和向量運算助力品牌定位的精準化。銷博特將品牌的心智定位轉化為數學題，並申請品牌定位支持向量機專利。

AIGC 創策圖文行銷套件將 AI 技術廣泛應用於內容生產端，從輔助內容生成、激發內容創作靈感逐漸過渡到驅動內容創作，提升內容自主生成能力。同時，AIGC 創策圖文行銷套件在表現力、傳播、個性化和創意等方面充分發揮 AI 技術優勢，極大地提升了內容互動端的體驗。AIGC 創策圖文行銷套件能夠模擬人類思維，在稿件文字撰寫、海報圖片製作、影片製作和剪輯、創意自動化生產等方面具備較強的邏輯性。

AIGC 創策圖文行銷套件是傳媒企業策劃行銷內容的好幫手，能夠為傳媒企業的數位化行銷創造更多機遇，幫助傳媒企業實現更加精準化、個性化的內容行銷。

9.2　行銷場景：ChatGPT 變革行銷互動形式

隨著行銷手段的更新，使用者的標準越來越高，傳統的行銷模式已經無法打動使用者。ChatGPT 的出現，帶來了全新的行銷互動形式，商品 3D 模型取代商品圖片，全方位、立體地展示商品。ChatGPT 還專注於打造虛擬行銷場景，實現虛實結合，為使用者帶來沉浸式的購物體驗。

9.2.1　商品 3D 模型，立體展示商品

線上上購物的過程中，使用者想直觀、清晰地看到商品的實際面貌，以免出現「貨不對板」的問題。在這種情況下，賣家開始關注如何能夠直觀地展示商品。賣家可以藉助 3D 模型向使用者展示商品，打破平面展示的局限，提升使用者的線上購物體驗。

與 2D 建模相比，3D 建模可以線上上全方位展示商品，使消費者深入了解商品，改善消費者的線上購物體驗，節約消費者的選購時間，快速達成交易。3D 建模用途廣泛，可以用於線上試穿。例如，消費者線上試穿衣服，購物體驗更加真實、有趣。

3D 建模可以使消費者足不出戶體驗線下逛街的感覺。例如，天貓曾經打造一個「天貓 3D 家裝城」，消費者只需要開啟淘寶 App，搜尋「天貓家裝城」便可以進入 3D 世界。消費者可以在 3D 房間內自由走動，感受全屋裝修效果，也可以停留在某個地方，仔細觀察商品細節。

「天貓 3D 家裝城」內有 1 萬多個 3D 房間，從北京最美家居店到上海復古的家居小店，許多線下實體家居賣場在「天貓 3D 家裝城」內均得到復刻，消費者可以根據自己的需要選購商品。

「天貓 3D 家裝城」給消費者帶來了沉浸式的購物體驗，也給依靠線下體驗的家裝行業帶來了顛覆性的變革。家裝產品具有客單價高、退換成本高等特點，因此消費者購買家裝產品時十分謹慎，而此次活動能夠讓消費者線上上實現所見即所得，提高了消費者的體驗，也打通了線上線下融合的通道。

除了天貓外，許多品牌也在商品虛擬展示與試用領域不斷探索，例如，優衣庫打造虛擬試衣間，消費者可以線上虛擬試穿；愛迪達推出虛擬試鞋 AR 購物功能；宜家實行虛擬家具選購計劃。雖然 3D 建模還在發展中，但在 ChatGPT 的助推下，未來將會湧現更多好用的工具，降低 3D 建模的門檻，實現商品虛擬展示與試用的大規模商業化落地。

9.2.2　虛擬行銷場景打造，實現虛實互動

如今，線上購物已經成為使用者購物的主要場景，許多品牌嘗試線上上舉辦多樣的活動，以更多新奇的方式觸達使用者。例如，一些品牌專注於打造虛擬行銷場景，實現虛實互動，以更加沉浸的體驗滿足使用者的消費新期待。

許多品牌都嘗試打造虛擬商城，將線下購物場景轉移到線上，實現沉浸式行銷，給消費者提供更加沉浸的購物體驗。例如，知名運動品牌 Nike 與 Roblox 合作，推出了大型虛擬旗艦店 Nikeland。消費者不僅可以在 Nikeland 中進行常規購物，還可以操縱自己的虛擬化身參與許多小遊戲，包括蹦床、與其他使用者捉迷藏、跑酷等，獲得沉浸式體驗。

阿里巴巴啟動「Buy+」計劃，使消費者能夠在虛擬商城中購物，給消費者帶來開放式購物體驗；IMM 商場與電商平台 Shopee 在新加坡共同打

造虛擬購物中心，透過線上服務增加線下零售商的收益。

品牌進行沉浸式行銷，需要搭建相應的虛擬購物場景，對此，眾趣科技可以為品牌提供幫助。眾趣科技是一家 VR（Virtual Reality，虛擬實境）數位孿生雲服務提供商，擁有許多自主研發的空間掃描裝置，再加上數位孿生 AI、3D 視覺演算法、網際網路三維渲染等技術的加持，可以幫助品牌建構虛擬購物場景，也可以對線下購物場景進行三維立體重建，從而將線下購物場景完整、真實地復刻到虛擬世界中。

眾趣科技打造的虛擬購物場景還具有設定購物標籤的功能。品牌可以藉助標籤向消費者展示商品詳情與購買連結。同時，品牌還可以設定購物導航，使消費者能夠快速找到自己需要的商品，進一步提升消費者的購物體驗。

與眾趣科技合作的企業眾多，包括阿里巴巴、華為、紅星美凱龍等。眾趣科技致力於利用自己強大的技術幫助企業建構虛擬空間，有了眾趣科技的支持，企業可以給消費者提供更優質的服務，消費者足不出戶就能獲得和線下購物幾乎沒有差別的沉浸式購物體驗。

虛擬技術不斷發展，助力品牌在虛擬空間中搭建購物場景，從而突破地域的限制，吸引更多消費者。在虛擬購物場景中，品牌可以透過充滿科技感的場景向消費者展示自己的商品，促成交易。

9.3 ChatGPT 將怎樣影響電商行業發展

ChatGPT 對電商行業的影響主要分為 3 個層次，分別是短期、中期和長期。從短期來看，ChatGPT 能夠為電商行業提供創作工具，降低電商內

容生產成本；從中期來看，ChatGPT 能夠重構行業合作格局，提高行業運轉效率；從長期來看，ChatGPT 將重構全球電商格局。

9.3.1　短期：提供創作工具，降低電商內容生產成本

ChatGPT 與電商的結合能夠解放生產力，降低電商內容生產成本，尤其是對於跨境電商而言。雖然跨境電商的本質是電商，但跨境需要一定的門檻。不擅長英文、不了解海外文化和海外使用者等問題始終是橫亙在跨境電商賣家面前的一座「大山」。

ChatGPT 與電商行業的融合，為許多跨境電商賣家提供幫助。ChatGPT 的翻譯功能可以使跨境電商賣家與全球買家實現無障礙交流，降低了跨境電商交易的門檻與成本。同時，ChatGPT 將取代電商行業中簡單、重複性的工作，包括翻譯、客服、商品文案創作、書寫問候郵件等。

電商賣家在 ChatGPT 中輸入不同的關鍵詞，就能得到針對不同通路和不同人群的文案，十分實用。TikTok 在海外掀起直播電商熱潮，使得優質內容成為跨境電商的流量密碼。從短期來看，ChatGPT 為電商賣家帶來的價值顯而易見。

9.3.2　中期：重構行業合作格局，提高行業運轉效率

先進技術對社會的影響可以分為 3 個階段，分別是可供、可用和可信。目前，ChatGPT 處於可用階段。當 ChatGPT 發展到可信階段時，就有可能取代搜尋引擎。而在 ChatGPT 從可用階段向可信階段發展的過程中，電商將會發生以下改變。

1 · 電商行業的人才需求與合作網路將會發生改變

　　電商賣家十分看重營運能力，將其作為核心能力，認為產品的流量與轉化率決定一切。隨著競爭越發激烈，產品和工業鏈的重要性逐漸突顯。隨著 hatGPT 與電商行業的融合不斷加深，電商行業對人才的需求發生了改變，具有深度思考能力、善於聯想、具有總結能力的人才更受歡迎。

　　同時，電商行業的合作網路將會發生改變。許多簡單、重複性的工作將會被取代，AI 領域的人才將會得到重用。過去人員繁多、結構複雜的組織將會被精簡的小組取代，人力資源組合和遠端合作的便捷程度更高。

2 · 貼近細分領域買家，更有利於打造垂類品牌

　　電商行業競爭激烈、買家消費能力下降使得電商的流量成本與退貨率不斷提升，賣家的利潤空間縮小，打造垂類品牌成為電商賣家的出路之一。

　　打造垂類品牌需要賣家對目標買家進行深入了解並與其互動。而電商賣家與買家的交流往往依靠網路，賣家很難貼近和了解買家。ChatGPT 的出現，為電商賣家提供了一個了解目標買家的途徑。理論上，只要電商買家向 ChatGPT 提出問題，它就會從龐大的數據庫中調取對應的答案。隨著與買家交流的不斷深入，賣家對買家的需求會有明確的了解，數據庫中答案的精準程度也會更高。

9.3.3　長期：重構全球電商格局

　　當 ChatGPT 進入可信階段，那麼其將對電商行業產生重大影響，重構全球電商格局。在當前這個訊息爆炸的時代，面對過載的訊息，許多時候買家都處於拒絕接收訊息的狀態。在這種背景下，買家更偏向於獲得答

案而不是訊息。

買家的這種心態為「種草」經濟的發展提供了溫床。賣家僱用 KOL（Key Opinion Leader，關鍵意見領袖）透過文字、圖片、影片等方式為買家「種草」產品，促使買家縮短消費決策週期。

如果 ChatGPT 進入可信階段，那麼沒有使用者會拒絕使用 ChatGPT。以帶貨主播為例，為什麼有些主播能夠成為著名的「帶貨王」？那是因為主播在使用者心中有很高的信任度，使用者相信主播的選品和品控能力，在主播的直播間購買商品既能獲得價格優惠，產品品質和售後服務又有保障，使用者不用花費大量時間挑選商品，可以放心地在直播間購買。

該案例顯示出了品牌的力量。如果 ChatGPT 形成品牌效應，且能夠做到無所不知、隨時回覆，那麼使用者將會拋棄其他媒介，頻繁使用 Chat-GPT。

在這種情況下，電商行業的流量入口將發生改變。ChatGPT 將會變成流量入口，電商賣家會想方設法地將廣告融入 ChatGPT 中。

而對於使用者來說，他們將會在電商購物過程中獲得全新的消費體驗。例如，AI 將會與使用者互動，並在互動中了解使用者的性格、愛好與消費習慣。在了解使用者的消費習慣後，AI 會投其所好，為使用者推薦相應的商品或服務。

以上所講述的僅僅是 ChatGPT 完全成熟後可能引發的效應之一。ChatGPT 之所以有很強的吸引力，引發人們的熱烈討論和研究，是因為其引領了全球科技發展的方向，能夠為企業帶來鉅額利益。各行各業都想獲得 AIGC 時代的「船票」，以實現更好的發展。

第 *10* 章　金融行業：
ChatGPT 提升金融業務智慧性

隨著 ChatGPT 的應用範圍不斷拓展，其在金融行業的應用價值也逐漸突顯出來。現如今，ChatGPT 已經成為金融機構探索金融 AIGC 的重要工具，能夠幫助金融機構撰寫優美的文案，提升金融產品的宣傳效果。同時，智慧客服成為提升金融業務辦理效率的關鍵應用，大幅提升了金融行業的客戶服務效率。智慧投資顧問成為金融機構服務客戶的好幫手，給客戶帶來更好的服務體驗。

ChatGPT 成為推動金融行業智慧化發展的重要工具，改善傳統的金融服務和投資模式，為金融行業帶來創新和顛覆，幫助金融機構創造更高的收益。

10.1　文字內容智慧生成

隨著 AI 技術的不斷發展，自然語言處理技術也得到了很大的發展，ChatGPT 就是這一技術取得巨大進步的具體展現。ChatGPT 的文字內容智慧生成功能支持多種語言的文字創作，同時能夠把控內容的風格和品質。ChatGPT 助力金融機構高效撰寫產品宣傳文案，推出具有更優體驗的 AIGC 金融產品，為金融機構提供了極大的便利和價值。

10.1.1　金融界首秀，招商銀行借 ChatGPT 寫出金融文案

ChatGPT 火爆全網，在科技界掀起了一股狂潮，Google、微軟等海外大廠紛紛布局，360、騰訊、阿里巴巴、百度等國內知名企業也紛紛入場。ChatGPT 作為近年來極具創造力的科技創新成果，引起了金融行業的廣泛關注。國內眾多知名銀行已經開始嘗試應用 ChatGPT，ChatGPT 與金融業務融合，碰撞出十分耀眼的火花。

例如，招商銀行將 ChatGPT 應用於撰寫品牌文案。2023 年 2 月 6 日，招商銀行使用 ChatGPT 撰寫了一篇名為《ChatGPT 首秀金融界，招行親情信用卡詮釋「人生逆旅，親情無價」》的文章，親情之於人生的意義在 ChatGPT 的筆下娓娓道來。

此後，招商銀行採用與 ChatGPT 對話的形式，詮釋了親情的價值和意義，生成極具感染力的品牌推廣文案。作為一個接受過大量系統的文字數據訓練的大語言模型，ChatGPT 對親情的思考與詮釋讓人感到無比驚喜。

此外，招商銀行還與 ChatGPT 進行了多輪趣味性互動，詢問 ChatGPT 是否與招商銀行的 AI 助手「小招」相識。招商銀行還和 ChatGPT 就資產分配、個人養老金管理等問題進行了探討。

招商銀行此番對 ChatGPT 小試牛刀緣於一次無心插柳的嘗試。品牌心智是品牌與使用者長期互動的結果沉澱。此前，招商銀行曾對「卡」與「人」的關係進行深入思考，發現人們對情感連線的需求十分迫切。而親情作為人與人之間最緊密的連線和最深的羈絆，成為招商銀行與使用者進行情感互動的最佳著力點，而 ChatGPT 則成為招商銀行與使用者建立情感連線的得力助手。基於此，招商銀行更新招行信用卡附屬卡產品，研發並推出全新親情信用卡。

如何將這張信用卡所詮釋的親情的意義更好地傳遞給使用者？招商銀行嘗試進一步挖掘家庭、血緣對於人類的終極意義是心理學家探討的親密關係，是生物學家解釋的基因，是古希臘哲學家定義的人的「始基」，還是社會學家判定的一種差序格局？無論是從自然科學到社會人文，從農業文明到現代社會，還是從西方哲學到東方倫理，在不同的時間、空間，親情的定義和解釋都不同。

這也就意味著，短時間內的按圖索驥和單向的思考論證都無法解釋這個命題，而需要尋找一種跨時空、跨領域、跨學科的方式，對這個命題進行重新解碼與闡釋。如何能夠超越個體的智慧經驗與知識，以多維視角解答這一命題？招商銀行透過 ChatGPT 看到了某種可能。而這一次無意的嘗試推動了金融行業首篇 AIGC 作品的誕生。

招商銀行以 ChatGPT 為工具撰寫品牌文案是一次比較成功的 AIGC 文字生成落地應用。從全文的整體表達來看，其表達邏輯與人類思維邏輯十分相似，如果不告知讀者，讀者很難看出這篇文案是 AI 撰寫的。

在應用 ChatGPT 生成文案時，招商銀行工作人員在 ChatGPT 中輸入需求「闡釋基因與親情的關係」，ChatGPT 生成的第一篇文案比較平實，缺乏深度的思考。因此，招商銀行工作人員進一步向 ChatGPT 提出要求，即文案內容要突出兩個觀點，分別是「親情的利他本能」和「生命是基因的載體」，並強調語言要有深度。在不斷的訓練下，ChatGPT 輸出的內容不斷優化，循環往復，直到生成令人滿意的內容。

與人類撰寫稿件的過程類似，AI 寫稿也需要多個步驟。首先，明確需求，對所需撰寫的文稿建構初步的觀點輪廓；其次，從模型中獲取相關內容並輸出；再次，在輸出的過程中和最終輸出的內容中尋找靈感，以優

化模型，完善內容；最後，多次往復，直到生成一篇令人滿意的稿件。

需要注意的是，在 ChatGPT 生成內容的過程中，需要有一個明確的需求核心引導內容生成。否則，需求方很可能會被模型的內容生成邏輯帶偏，最終導致稿件偏離主題或深度不夠。

ChatGPT 生成的文章或許尚未達到專業水準，但在對親情這一涉及多角度、多領域的命題進行闡述的過程中，ChatGPT 展現出了卓越、邏輯性強的思辨能力。不過，這並不代表著文案撰寫任務可以完全交給 ChatGPT 去處理。從 ChatGPT 的整體能力閾值來看，其還未達到可以脫離人工干預的水準。招商銀行作為品牌方，負責為文案賦予精神核心，為文案賦予靈魂和溫度，確保文案符合品牌的價值觀，ChatGPT 只是品牌文案撰寫的輔助工具。

ChatGPT 強大的語義理解和推理能力能夠支撐其強大的對話能力，其可以精準地理解金融文案撰寫要求，智慧梳理文案主旨和邏輯，分析文案的使用場景，輸出相匹配的內容。

10.1.2　金融機構接入百度文心一言，探索金融 AIGC

2023 年 2 月 14 日，多家金融機構宣布正式成為百度文心一言的生態合作夥伴，並將全面接入並體驗文心一言的多項功能。

文心一言是百度基於文心大模型釋出的生成式智慧對話產品。百度在 AI 領域深入探索 10 餘年，研發出產業級知識增強大模型 —— 文心。該模型具備跨語言、跨模態的深度語義理解與生成能力，在內容創作、雲端計算、智慧辦公、搜尋問答等領域擁有廣闊的想像空間。

在文心一言的上線前準備工作完成後，金融機構將率先接入文心一

言。金融機構整合文心一言的核心技術，與百度在標準制定、產品研發等多個領域進行深度合作。在百度技術團隊的協助下，金融機構將打造聯合解決方案，並透過聯合行銷、技術共享等方式，強化自身競爭力，為金融客戶提供全場景金融訊息服務 AI 解決方案。同時，金融機構依託創新互聯、智慧互聯，引領金融訊息服務更新與疊代。

眾多商業人士將文心一言視為中國版 ChatGPT，國內多家銀行躍躍欲試，與文心一言合作。文心一言在金融行業擁有廣闊的發展和應用前景。

現如今，眾多金融機構與文心一言展開深度合作，並將百度先進的智慧對話技術成果融入金融訊息服務中。這意味著金融機構獲得先進 AI 技術的加持，也意味著對話式語言模型在國內金融機構的訊息服務場景成功著陸。

2023 年 2 月 26 日，江蘇銀行宣布正式與百度文心一言展開生態合作。後續，江蘇銀行將藉助百度智慧雲全面接入文心一言的核心功能，在智慧營運、輔助行銷、日常辦公、客戶服務、風險評估等方面進行應用探索。

除了江蘇銀行外，郵儲銀行、百信銀行、新網銀行、興業銀行、眾邦銀行、蘇州銀行、中信銀行等也嘗試與百度文心一言展開合作，致力於攜手百度推進人機對話 AI 大語言模型在金融機構中的應用。已經接入文心一言的金融機構主要將文心一言應用於智慧服務、智慧網點等領域。例如，郵儲銀行將文心一言應用於虛擬營業廳、數位員工、智慧客服等場景；百信銀行將文心一言應用於 AI 數位人、數位營業廳、數位金融等領域。

除了前端的服務之外，眾多金融機構也開始在後端的投研和風控領域嘗試應用文心一言。例如，興業銀行將文心一言應用於智慧營運、智慧風

控、智慧行銷、智慧投研等場景。

　　文心一言深受金融機構青睞，金融機構對文心一言在金融業務中的應用前景十分看好。就目前來說，文心一言在金融業務中的應用主要展現在兩個層面：研發層面和客戶服務層面。在研發層面，文心一言能夠協助金融機構制定符合金融行業標準的金融軟體產品研發計劃、進行程式碼測試與編寫等，以提升金融軟體研發的敏捷性，加快金融產品更新疊代。

　　在客戶服務層面，金融機構可以藉助文心一言的 KYC（Know Your Customer，了解你的客戶）探查功能，有效提升客戶與金融機構的溝通、交流體驗。金融機構還可以透過引入數位人實現虛擬場景的智慧化服務。

　　文心一言與 ChatGPT 相似，都是 AI 聊天機器人，在金融機構中可以應用於與客戶聊天、智慧問答、智慧生成內容等方面。文心一言可以在與客戶對話的過程中不斷自我學習與優化。文心一言與 ChatGPT 均屬於基於海量數據訓練和 AIGC 技術的大語言模型，都具備深度語義理解能力和內容生成能力。

　　文心一言經歷了更新與換代。更新後的文心一言智慧程度更高，內容回覆更加清晰、詳細，並且具有更強的互動性，在商業應用方面擁有更加廣闊的空間。

　　越來越多的金融機構積極加入文心一言應用生態，開展合作研發和應用試點，以把握 AIGC 技術應用的良好時機。但是，金融業務具有特殊性，對內容合規性、嚴謹性、專業性、可解釋性和安全性有著嚴格的要求。因此，金融機構對模型的訓練十分嚴謹，文心一言實現大規模應用還有一定的困難，主要展現在以下 4 個方面：

　　（1）可信度挑戰。文心一言在穩定性、倫理、安全性、準確性等方面

還存在問題。

（2）業務理解挑戰。文心一言基於通用的知識庫進行訓練，應用於金融場景還需要加強理解。

（3）成本投入挑戰。文心一言的應用成本比較高，包括模型訓練、算力消耗等成本。

（4）組織能力挑戰。文心一言及其包含的一系列 AI 應用與金融機構從業人員的協同、配合仍需要更加具體的機制來規範。

因此，如果想實現文心一言在金融領域的大規模深度應用，金融機構需要在應用文心一言的過程中與其不斷磨合，實現融合發展。

就目前文心一言在金融領域的應用趨勢來看，金融機構接入對話式語言模型主要有 3 個特徵：一是預訓練大模型拓展金融機構 AI 應用邊界，推動金融行業智慧化更新；二是金融產品型別與AIGC應用場景不斷豐富，以業務理解為導向的 AIGC 金融產品被廣泛應用；三是「AI+ 金融」的應用生態將逐步被建構起來。

文心一言在金融領域的發展前景是光明的，道路是曲折的。金融機構要把握文心一言等 AIGC 產品帶來的發展機遇，並將其與金融業務相結合，探索出適合自身發展的 AIGC 金融產品。

10.1.3　金融一帳通：推出 AIGC 金融產品

金融一帳通是面向金融行業的商業科技雲服務平台，透過 AI、大數據、區塊鏈等先進技術為銀行、投資、保險等領域的金融機構提供「技術＋業務」解決方案，助力金融機構提升業務營運品質和效率。金融一帳通研發出產品、通路、營運、服務、風控等場景下的金融產品，多系列的科

技產品組合可以發揮出強大合力，可以廣泛應用於投資、保險、銀行等金融領域。金融一帳通幫助金融機構與先進的金融科技快速接軌，全面提升金融機構智慧化經營水準。

作為金融行業的 AI 探索者與先行者，金融一帳通需要透過持續的科技研發來維持自己的領先地位。隨著 ChatGPT 的火熱發展，AI 應用再度掀起熱潮。相較於 AI 數位人、AI 機器人等 AI 應用，以 ChatGPT 為代表的 AIGC 應用在金融領域擁有更廣闊的應用場景。金融一帳通緊跟科技熱點，在「AIGC+ 金融」領域提前布局，推進 AIGC 金融產品的創新研發與落地應用。

現如今，金融一帳通自主研發的各項 AIGC 技術已應用於許多金融垂直領域，為技術密集型企業提供更加精準、高效的金融檔案智慧處理和更加穩定、流暢的金融對話智慧解決方案，極大地提升了行政、客服、營運、數據分析、稽核等職位從業人員的工作效率。以金融一帳通自主研發的一款文字掃描理解一體化產品為例，其可以用 2 秒的時間掃描、識別單張文稿，且支持文稿訊息提取、閱讀理解、布局還原等操作，有效降低文稿誤檢、漏檢風險。

再如，金融一帳通推出的「加馬智慧語音解決方案」也是其在「金融+AIGC」賽道上的重要探索成果。針對智慧行銷、智慧客服和智慧催收等多種業務場景，加馬智慧語音解決方案打造了外呼流程、文字 FAQ（Frequently Asked Questions，常見問題解答）庫、質檢模型和智慧輔助模板。在與某商行的合作中，金融一帳通協助該商行啟用了眾多存量客戶，超過一半的意向客戶進入了最終銷售環節，極大地降低了該商行的整體營運成本，提升了該商行的人均產能。

截至 2022 年底，加馬智慧語音已經服務了上百位金融客戶。在智慧客服方面，「AI+ 文字機器人」和「AI+ 導航」可以實現人工服務有效分流。同時，「AI+ 客服助手」代替部分人工客服工作，提高人工客服產能，降低客服平均通話時長和通話過後的小結時長。在智慧催收方面，「AI+ 催收」提升了信用卡催收座席作業時效，降低了客戶投訴率，並提高對話分析質檢準確率。在智慧行銷方面，加馬智慧語音針對中長尾客戶已經實現 100% 的 AI 觸達率，取得了較高的理財破冰額和 AI 銷售額。

隨著 ChatGPT 在金融行業的應用不斷深入，金融一帳通將進一步拓展 AIGC 金融產品的應用場景，繼續發揮「技術 + 業務」雙賦能的獨特競爭力，助力金融機構築牢 AIGC 技術底座。金融一帳通在提升金融機構業務營運品質和服務效率的同時，幫助其降低成本與風險，朝著 AIGC 的「深水區」不斷前行。

10.2 智慧客服：ChatGPT 提升 AI 客服智慧性

現如今，眾多行業都引入了智慧客服，金融行業也不例外。相較於傳統的人工客服，智慧客服可以全天候服務客戶，並透過一些智慧化、自動化操作，在降低金融服務成本的同時，極大地提高接待效率和接待品質。

10.2.1 智慧客服的 3 類對話

智慧客服是 ChatGPT 在金融領域深度應用的一種表現。下面將從金融行業的實際需要出發，對 ChatGPT 智慧客服的 3 類對話展開具體論述，如圖 10-1 所示。

圖 10-1　智慧客服的 3 類對話

1· 常見問題自動回答

常見問題自動回答是 ChatGPT 智慧客服的基本功能之一，即 ChatGPT 根據預設的規則和知識庫自動回答一些固定的、基本的問題。在金融行業中，傳統的客服模式需要大量的人力支持，人力成本過高，且人工客服存在語言和時間的限制，客戶服務效率低下。而 ChatGPT 智慧客服能夠根據客戶提出的問題進行智慧推理，自動給出預設的答案，使得客戶的問題能夠得到快速解決。

除了常見問題自動回答外，ChatGPT 智慧客服還能夠根據客戶發出的指令執行一些自動化操作。例如，在客戶申請網上開戶的過程中，Chat-GPT 智慧客服會詢問客戶身分訊息並幫助客戶完成開戶申請，代替業務員為客戶提供系統、高效的開戶指導，這極大地提高了客戶辦理業務的效率和便利性。同時，ChatGPT 智慧客服也可以向客戶提供金融產品和服務的相關訊息與指南，從而快速、精準地為客戶提供服務，滿足客戶需求。

但是，ChatGPT 智慧客服的自動回答也有一些不足，如不能很好地應對客戶提出的非常見問題。當客戶提出的問題超出了 ChatGPT 智慧客服知識庫的範圍，ChatGPT 智慧客服就無法理解並解決客戶的問題。因此，

在應用中，金融機構需要對 ChatGPT 智慧客服進行金融知識訓練，不斷完善其金融知識庫，以提升 ChatGPT 智慧客服的自動回覆能力。

2·人機合作

除了常見問題自動回答外，ChatGPT 智慧客服還具有人機合作功能，實現人工和機器人的互補，讓客戶享受到更加專業、全面的服務。在金融交易、貸款、理財等方面，ChatGPT 智慧客服可以向客戶提供更深層次的建議，幫助客戶增強對金融業務的理解。

在人機合作場景中，人工客服和 ChatGPT 智慧客服會根據客戶提出的問題進行多輪交流，透過智慧標籤、數據彙總、分析推斷等方式，為客戶提供個性化建議和服務。

人機合作能夠提高服務水準，使得金融機構獲得更高的客戶評價和口碑。但是，金融機構需要在人機合作的過程中保障數據隱私和安全性，防止 ChatGPT 出現語言失控或訊息洩露的問題，從而保證互動的完整性和安全性。

3·場景維護

場景維護指的是 ChatGPT 智慧客服監控金融市場，在訊息實時性、安全性方面扮演著重要的角色。ChatGPT 智慧客服可以監控金融市場波動，追蹤資本市場的漲跌趨勢，為金融機構和金融客戶提供及時、準確的行情數據和決策依據。

在場景維護中，ChatGPT 智慧客服可以進行自我學習，並在自我學習的過程中逐步提高智慧化水準和效能，提升客戶服務品質。ChatGPT 智慧客服可以對客戶需求進行深入分析，並不斷優化答案，讓顧客的問題得到快速解決。

ChatGPT 智慧客服在場景維護方面面臨著一些挑戰，如大數據分析過程中的隱私保護和數據安全問題。ChatGPT 智慧客服演算法和模型的精度和可靠性，在高頻交易場景下顯得尤為重要。

總之，ChatGPT 智慧客服在金融行業中的應用，可以有效地緩解傳統客服人力成本高、效率低的問題。ChatGPT 智慧客服為金融客戶提供了便捷和高效的服務，提升了金融服務的智慧性和精準性。但是金融機構需要始終關注機器智慧對客戶安全、隱私的影響，以保證客戶體驗和服務品質，挖掘智慧客服的最大價值。

10.2.2　三大改變，ChatGPT 讓 AI 客服更智慧

越來越多金融機構嘗試引入 ChatGPT 智慧客服，以降低成本，提高效率。基於自然語言處理、大語言模型等技術，ChatGPT 將 AI 客服的智慧性提升到了一個新高度，使得金融 AI 客服更加人性化。以下是 ChatGPT 給 AI 客服帶來的三大改變，如圖 10-2 所示。

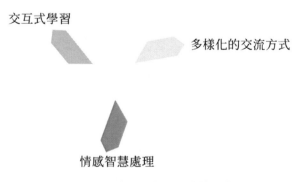

圖 10-2　ChatGPT 給 AI 客服帶來的三大改變

1· 互動式學習

ChatGPT 是一種智慧互動工具，能夠幫助金融機構與客戶進行互動式對話。ChatGPT 能夠不斷學習，並根據客戶的回饋改進自己的回答，從而幫助客戶更容易理解金融業務，進一步提升客戶服務品質，使客戶對金融機構的服務更加滿意。

例如，ChatGPT 在介紹商業銀行或保險公司的險種、理財產品時，會透過收集、分析客戶查詢歷史、消費歷史等訊息，更好地滿足客戶的需求。這些訊息能夠作為金融機構為客戶提供更全面、更精準的服務的依據，在客戶再次諮詢時，金融機構可以基於已經掌握的訊息，快速反應，為其提供科學的解決方案，提升與客戶互動的效率。

2· 多樣化的交流方式

ChatGPT 支持多種交流方式，如文字交流、語音交流、影像交流等。這使 ChatGPT 可以在金融領域廣泛應用，為客戶提供更具互動性和可操作性的體驗，提高客戶的滿意度。

例如，在金融交易過程中，客戶需要輸入身分訊息，ChatGPT 支持客戶透過影像或語音等方式上傳身分訊息，從而縮短了訊息上傳的時間，優化客戶的操作體驗，提高交易效率。

3· 情感智慧處理

在金融領域，客戶數量龐大且素質參差不齊，客戶態度和需求差異極大，這是人工客服面臨的最大挑戰之一。ChatGPT 可以支持 AI 客服根據客戶的反應和語言習慣自適應地將客戶分類，並能夠捕捉客戶態度的細微變化和上下文語境中的隱藏訊息，以更容易理解客戶的意圖。

人的情感是非常複雜的，客戶的情感體驗是金融機構服務品質的評判標準之一。AI 客服也應該和真實人類一樣具有情感處理能力，這樣才能更好地與客戶溝通，更好地滿足客戶的要求。

ChatGPT 能夠從客戶提問的方式、語氣等細節中感知客戶的情感訊號，並且能夠根據情感訊號的型別給出相應的回答。及時捕捉客戶情感和情緒的變化，有利於 AI 客服及時解決客戶的問題，提升客戶體驗。

ChatGPT 給 AI 客服帶來的三大改變，使得 AI 客服的服務效率、服務精準度更高，獲得了金融行業的廣泛關注，吸引金融機構紛紛引入這一智慧應用。

10.2.3　多家銀行布局 ChatGPT 背後專利

作為現象級大語言模型，ChatGPT 一經釋出便激發了市場和消費者對 AI 產業的熱情，而自然語言處理技術就是 ChatGPT 的核心。

通俗來講，自然語言處理技術就是讓電腦能夠自主理解人類語言，處理大量語言文字，並進行針對性分析。自然語言處理技術可以幫助各行各業節省人力成本，提高工作效率，推動行業的智慧化發展。

現如今，自然語言處理技術已經被廣泛應用於各個行業中。其中，金融行業的銀行、證券、保險等業務與自然語言處理技術結合得尤為緊密。金融機構具備強烈的 AI 建設意願與充足的資金，因而成為 AI 市場規模擴大的重要推動力。

銀行可以將自然語言處理技術應用於分析客戶產生的大量文字和語音數據，以提取關鍵訊息，簡化訊息處理工作。例如，銀行使用 ChatGPT 聊天機器人了解客戶查詢的問題並及時響應。對於常見的客戶服務請求，如

資金轉帳、餘額查詢、帳單支付等，ChatGPT 聊天機器人可以獨立幫助客戶完成，從而使得銀行有充足的人力去處理更加複雜的問題。自然語言處理技術還能夠應用於信用風險評估、交易反欺詐、客戶情緒分析等領域。

為了更好地展現中國金融行業的 AI 技術儲備和應用情況，零一智庫推出銀行、金融科技等系列專利創新榜單。零一智庫的統計數據顯示，截至 2023 年 3 月 31 日，工商銀行在各大銀行自然語言處理技術專利申請數量統計中排名第一。從自然語言處理技術專利授權數量來看，工商銀行與微眾銀行在榜單中並列第一。這意味著工商銀行對自然語言處理技術的應用比較多。

在自然語言處理技術的研究與應用方面，工商銀行深入研發並推廣語義分析相關產品和技術，並將其廣泛應用於轉帳要素識別、手機銀行語音導航等智慧客服場景，進而提升智慧客服的智慧化水準，降低人力資源成本。

例如，工商銀行基於自然語言處理技術推出智慧客服——「工小智」，透過簡訊、微信、網上銀行、手機銀行等多個通路服務客戶，推動了遠端銀行中心業務創新和系統更新，提升了智慧客服語義識別和理解的能力。工商銀行 2022 年度報告顯示，2022 年，工商銀行的科技投入在六大行中位於榜首，高達 262.24 億元，占總營收的 2.86%。

工商銀行持續推動自然語言處理技術的發展，並將該項技術深度應用於智慧客服服務的各種金融業務場景中，主要涵蓋普惠金融、個人金融等多個業務領域，覆蓋電話銀行、手機銀行等 108 個服務通路和 2400 個業務場景。

近年來，浦發銀行持續加大金融科技創新力度，聯合全球頂尖科技企

業打造科技創新實驗室和合作共同體，共同探索智慧化金融服務模式，持續提升使用者體驗。

　　例如，在智慧網點建設方面，浦發銀行推出 i-Counter 智慧櫃檯。該櫃檯透過對自然語言處理技術的強化應用，促進了櫃檯人力釋放和業務遷移。同時，浦發銀行將自然語言處理技術植入手機智慧 App，為 App 建立了隨機數和應用文字相結合的客戶聲紋認證體系。客戶可以透過語音進行身分認證，還可以與 App 中的智慧客服自主交流完成基礎金融交易。這極大地提升了浦發銀行的客戶服務效率。

　　在 ChatGPT 背後的科技中，自然語言處理技術逐漸成為金融行業關注的重點。金融機構相繼推出相關技術專利，以搶奪 ChatGPT 在金融行業的發展機遇。

10.3　智慧投資顧問：ChatGPT 為投資顧問提供新技術

　　隨著金融市場不斷變化與客戶投資需求不斷更新，金融行業的傳統投資顧問已經無法滿足客戶的投資理財需求。隨著 ChatGPT 與金融行業的深度融合，智慧投資顧問逐漸成為財富管理智慧化的助推器。

10.3.1　兩種模式：部分人工介入 + 無人工介入

　　智慧投資顧問可以自動進行投資分析併作出投資決策，幫助客戶規劃並執行投資策略。智慧投資顧問能夠透過分析各種投資數據，解答客戶投資過程中的疑惑和問題，並優化客戶的決策過程，為客戶制定最佳的投資

方案。同時，智慧投資顧問能夠定期調整投資策略，讓客戶獲得更多收益。下面將深入講述智慧投資顧問的兩種模式：部分人工介入模式和無人工介入模式。

1·部分人工介入模式

在部分人工介入模式下，智慧投資顧問會依賴於專家的分析和判斷。ChatGPT 可以在人工介入之前，提供初步的投資建議，在之後的人工服務環節獲取更多訊息，進而給出最終的投資建議。部分人工介入模式可以提高客戶投資的信心，幫助他們深入地了解金融市場的規則和風險。部分人工介入模式需要專家提供正確的訊息和策略來彌補機器學習演算法的技術缺陷，從而保障客戶的投資安全。

2·無人工介入模式

智慧投資顧問可以基於無人工介入模式為客戶提供投資指導。這種模式不需要人工干預，ChatGPT 可以對金融市場趨勢進行實時監測併為客戶提供投資建議。無人工介入智慧投資顧問藉助先進的機器演算法，可以持續分析金融市場情況併為客戶制定最佳投資策略，幫助客戶實現投資收益最大化。這種自動化模式可以極大地降低客戶面臨的投資風險和壓力。

無人工介入模式能夠基於各種文字數據建立更加精準的模型，但考慮到 ChatGPT 強化學習技術的局限性，其也需要專業技術人員的監督，以確保自動化投資策略的科學性。不過，隨著 ChatGPT 技術不斷進步，真正的無人工介入的投資互動模式將會形成。

綜合考慮部分人工介入模式和無人工介入模式，智慧投資顧問還是有許多優點的。首先，兩種模式都可以快速提供投資方案，節省了大量人力

和時間成本；其次，無人工介入模式可以降低人為因素給客戶收益帶來的影響，在數據分析方面更為精準；最後，部分人工介入模式可以對機器學習技術進行補充，避免忽略一些不可忽視的因素。

10.3.2
ChatGPT 推動投資顧問轉型，為 AI 財富管理按下加速鍵

隨著科技的發展和客戶投資理念的轉變，傳統投資顧問已經難以滿足客戶的要求。在 AI 技術的衝擊下，投資顧問轉型成為金融行業關注的問題。

傳統投資顧問採取一對一的形式向客戶提供高品質的投資服務，但這需要消耗大量人工成本。而且受限於時間和空間因素，客戶難以獲得更好的服務體驗。因此，傳統投資顧問亟須向智慧投資顧問轉型。

ChatGPT 將金融科技與財富管理相結合，為傳統投資顧問的轉型更新賦能，提供滿足客戶需求的投資諮詢和指導服務。智慧投資顧問基於 AI 技術和自然語言理解技術，可以為客戶提供更加精準和高效的投資建議。智慧投資顧問提供服務的基本原理在於，透過大數據、自然語言處理、機器學習等技術幫助客戶實現投資系統化。智慧投資顧問可以進行風險評估並生成報告，為客戶提供更為全面和精準的投資建議、線上式的顧問服務和專業化的投資理財方案。

智慧投資顧問具有以下優勢：一是效率更高，可以在較短的時間內理解並滿足客戶的需求；二是更為全面和精確，可以透過大數據、機器學習等技術實現全方位的風險管理和投資分析；三是可以分析複雜的投資品種，幫助客戶在風險控制和利潤增長之間做好平衡；四是能夠為客戶提供

更優質的體驗，並為客戶提供更為全面的諮詢服務和更加個性化的投資建議。

智慧投資顧問能夠根據客戶自身情況對客戶提出的一系列問題進行解答，並在與客戶互動的過程中對客戶訊息和需求進行自我學習，確定客戶所屬的投資者型別。智慧投資顧問綜合匹配投資組合與投資型別歸屬，為客戶提供投資組合管理和投資標的選擇等相關建議。

智慧投資顧問運用決策樹管理決策流程，基於智慧演算法邏輯生成組合投資建議，並實時收集、分析市場變化。最終，其依據決策流程自動調整投資策略，並始終確保投資策略與客戶投資需求相匹配。

在運作方式上，智慧投資顧問透過智慧分析，在資產庫中選擇基礎資產並進行重組，以減少傳統顧問服務模式下的人為主觀干預，為客戶提供科學、合理的決策支持，降低投資顧問服務成本。客戶往往會透過基礎資產的盈利狀況、管理者狀況、盈利波動水準等向智慧投資顧問傳遞投資價值訊息，從而影響智慧投資顧問選擇基礎資產的傾向。智慧投資顧問會依據一定標準甄別和篩選基礎資產，從而實現投資價值最大化。

智慧投資顧問將傳統顧問服務模式下的菁英化服務轉換為普惠式服務，將服務閱聽人拓展為大眾客戶群體，滿足大眾客戶的投資需求，踐行普惠金融的整體策略目標。

伴隨著 AI 的深度應用和大數據技術的快速發展，智慧投資顧問呈現多樣化的發展趨勢。發展模式傾向於面向理財經理的輔助決策模式和麵向客戶的智慧推薦模式，以財經門戶、傳統金融機構、網際網路大廠為代表的成熟型智慧投資顧問平台和以金融科技企業為代表的初創型智慧投資顧問企業相繼布局智慧投資顧問業務版圖。

　　智慧投資顧問推動了 AI 財富管理的發展，開拓了投資顧問服務的新模式。首先，智慧投資顧問可以為客戶提供 24 小時線上諮詢服務，提供更加科學、個性化的投資建議，以更低的成本創造更高的服務效率；其次，智慧投資顧問能夠依託大數據、機器學習等技術為客戶提供更加全面的投資分析、全方位的投資建議和更加專業化的服務。

　　智慧投資顧問使 AI 和金融行業實現了進一步融合發展，為投資顧問的發展提供了新方向，為 AI 財富管理按下了加速鍵。

第 *11* 章　製造行業：
ChatGPT 重塑智慧製造

　　ChatGPT 的火爆表明 AI 是各個行業轉型更新的重要推動力，對於製造行業來說也是同樣。而隨著 ChatGPT 的融入，製造行業將迎來更加深刻的變革。ChatGPT 將重塑製造行業新業態，助力製造行業數位化、智慧化轉型更新。

11.1　ChatGPT 的出現為製造業帶來兩大機會

　　ChatGPT 的出現為製造行業帶來了哪些機會？一方面，ChatGPT 將擴大工業 AI 模型的應用領域，實現模型從特定到通用的轉變；另一方面，ChatGPT 將加速 AI 普惠，實現 AI 在工業領域的大範圍應用。

11.1.1　從特定型模型到通用型模型

　　當前，AI 模型已經在製造行業有所應用，但這些模型主要面向特定任務，在特定領域有不錯的表現，但還不能應用於更廣泛的場景中。在這種情況下，雖然製造行業的 AI 模型有很多，但在新的領域，仍需要不斷地訓練新的模型。

　　製造行業細分領域眾多，各細分領域在生產流程、生產線配置、產品型別等方面都有較大差異。例如，鋰電池的生產包括十幾道工序，一條生

產線中有數千個品質控制點；液晶面板生產涉及數百道工序，可能出現的面板缺陷問題高達 100 多種。現有的 AI 模型通用性低，即使在同一領域，AI 模型的複用比例也較低。

而 ChatGPT 及其背後的通用型 AI 模型可以破解 AI 模型難以大範圍應用的問題。AI 模型代表著建構 AI 系統的一種新正規化，即基於海量數據訓練一個 AI 模型，使其適用於多種場景。

這種通用能力正是製造行業需要的。製造場景多種多樣，如何透過穩定的技術方案，基於碎片化的需求打造通用性更高的技術能力，成為很多製造企業在發展過程中面臨的重大挑戰。

面對這種挑戰，不少企業都積極探索。智慧製造與數智創新企業思謀科技推出的 SMore ViMo 工業平台，就展現了其對通用型模型的探索。SMore ViMo 工業平台是一個針對工業場景打造的跨行業中樞平台，具有多場景通用性。其能夠滿足新能源、半導體等多個領域超過 1000 種細分應用場景需求以及多種工業視覺方案設計需求，如生產線的工件計數、物料追蹤、瑕疵檢測等。藉助 SMore ViMo 工業平台，思謀科技可以同時為不同製造場景中的上百個專案提供技術支撐，降低生產成本，擴大 AI 模型應用範圍。

ChatGPT 及其背後的 AI 模型的成功，將推動 AI 步入新的階段。未來，藉助開源的 AI 模型，更多通用型的 AI 模型將被研發出來，應用到製造行業中。

11.1.2　加速 AI 普惠，AI 與製造結合更加緊密

在製造行業，不同細分領域間有著明顯的隔閡。製造過程中雖然累積了大量數據，但是製造行業的工程師無法將這些數據充分利用起來。而且

AI 技術開發者無法真正基於產業中存在的問題進行開發，制約了 AI 技術在製造領域的落地。

ChatGPT 背後的技術 RLHF（Reinforcement Learning from Human Feedback，基於人類回饋的強化學習），讓人們看到了 AI 在製造領域應用的更多可能。RLHF 將人們的回饋納入大模型訓練中，為機器提供了一種人性化的互動學習過程。

未來，AI 在製造領域的應用能夠孕育出主動學習 AIaaS（AI As a Service，人工智慧即服務）平台。該平台可以利用 RLHF 技術訓練大模型，憑藉人類的智慧讓 AI 理解製造問題，並滿足製造任務需求，讓不會程式設計的設計者也可以訓練 AI 模型。

同時，ChatGPT 簡單的互動模式十分符合在製造場景中落地 AI 的要求。製造行業場景複雜，好的產品必須是簡單易用的，可以透過簡單的互動投入使用，減少產品落地過程中的培訓成本。

ChatGPT 的出現使得與電腦交流不再是程式員的專利。ChatGPT 可以理解使用者的部分需求，並生成相應的程式碼方案。可以預見，更多製造領域的從業者可以藉助 ChatGPT、AI 開放平台等實現自行程式設計，開發能夠滿足自己需求的 AI 模型。

隨著技術的進步，在製造領域，更多普惠技術的應用帶來了巨大的機遇。近年來，AI 在製造領域的應用受到了一些質疑。而 ChatGPT 所帶來的技術突破，將掀起一場技術革命。未來，AI 有望成為新的生產力革命的基礎設施。

11.2　ChatGPT 助力製造企業數位化破局

隨著 AI 的發展和在製造業中的應用不斷加深，製造企業數位化轉型成為趨勢。在這個背景下，ChatGPT 作為一種功能強大的數智化工具，為製造企業的數位化發展提供了新的可能。

11.2.1　提升製造企業自動化水準

ChatGPT 的出現為製造行業帶來了許多發展機遇，可以從多個方面提升製造企業的自動化水準，如圖 11-1 所示。

1	工業生產自動化	2	客戶服務自動化
3	企業數據分析自動化	4	智慧協作

圖 11-1　ChatGPT 提升製造企業自動化水準的幾個表現

1·工業生產自動化

ChatGPT 能夠結合其他技術進行更加精準的工業應用。例如，在品質管制方面，ChatGPT 能夠分析生產流程，找出其中潛在的品質問題並提供解決方案，幫助製造企業提高產品品質，降低生產成本；在供應鏈管理方面，ChatGPT 可以基於對訂單需求和供應商情況的分析，自動優化物流和庫存管理，提高供應鏈管理效率。此外，透過與物聯網技術結合，Chat-GPT 能夠對生產裝置實現遠端監控、故障預警等，幫助製造企業降低維修成本。

2 · 客戶服務自動化

基於歷史問題和答案進行訓練，ChatGPT 能夠深刻理解並回答客戶的問題。當客戶詢問一些常見問題時，ChatGPT 能夠自動提供標準化的回答；當客戶詢問一些不常見的問題時，ChatGPT 能夠基於知識累積、深度學習，提供個性化的回答。這能夠提高製造企業客戶服務效率，在提升客戶滿意度的同時降低營運成本。

3 · 企業數據分析自動化

ChatGPT 在處理自然語言方面十分出色，可以作為製造企業進行數據分析的智慧化工具。藉助 ChatGPT 進行數據探勘、分析、預測等，製造企業可以基於科學的數據分析結果高效管理業務。例如，透過分析客戶的回饋訊息，ChatGPT 可以綜合整理客戶的意見和建議，明確客戶的需求，並提出有針對性的改進方案。這可以幫助製造企業完善自己的產品，加強製造企業與客戶的溝通。

4 · 智慧合作

ChatGPT 在與智慧裝置融合應用方面也有優勢，有利於實現智慧合作。ChatGPT 可以提高裝置的智慧化水準，例如，ChatGPT 與工業機器人結合，可以讓機器人更加精準地進行數據分析和人機合作，敏捷地執行更多指令。

ChatGPT 能夠為製造企業的數位化轉型提供智慧化工具，降低製造企業數位化轉型的難度。但由於 ChatGPT 在技術方面仍存在一些局限性，可能會出現一些錯誤，因此，在數位化轉型過程中，製造企業不能完全依賴 ChatGPT，仍要結合已有經驗做出最終決策。未來，ChatGPT 在製造領

域的應用將會進一步推動製造企業的數位化轉型，使生產更加智慧化，企業的業務進一步優化和更新。

11.2.2　依據企業數據優化私有模型，助力工業生產

ChatGPT 可以匯入製造企業的 ERP（Enterprise Resource Planning，企業資源規劃）、PLM（Product Life-cycle Management，產品生命週期管理）、MES（Manufacturing Execution System，生產執行系統）、CRM（Customer Relationship Management，客戶關係管理）等系統中，基於製造企業的私有數據進行訓練，優化企業私有模型，進而指導企業業務優化。

例如，ChatGPT 透過分析製造企業的 ERP 數據，可以優化企業的生產計劃，提高生產效率；透過分析 PLM 數據，可以優化產品設計方案，降低產品開發成本，縮短產品開發週期；透過分析 MES 數據，可以優化產品生產的多個環節，提高生產效率，進一步保證產品品質；透過分析 CRM 數據，可以了解客戶偏好，提高客戶滿意度。

以 ERP 系統為例，ERP 系統是一套協助企業管理、協調各部門營運的解決方案，整合了財務、物料、人力資源等多個方面，助力製造企業實現業務流程自動化。ChatGPT 與 ERP 系統的結合，主要有以下幾個優勢。

（1）提高生產決策效率。ChatGPT 與企業 ERP 系統結合，可以使系統更適用於製造企業的業務場景，使企業了解更多的產品、訂單、客戶等方面的訊息。在 ChatGPT 的助力下，製造企業可以更迅速地分析生產數據，制定生產計劃，優化生產線。此外，ChatGPT 可以自動處理大量生產數據，生成相應的報告，幫助製造企業更高效地做出生產決策。

（2）優化庫存管理。在庫存方面，ChatGPT 可以分析製造企業的庫存

數據，預測庫存需求，實現庫存優化。製造企業可以實時監控庫存狀況，避免出現庫存積壓、缺貨等問題，能夠有效降低庫存成本。

（3）提升銷售預測準確性。ChatGPT 可以分析製造企業的歷史銷售數據，並根據市場趨勢進行銷售預測。這能夠幫助製造企業科學預測未來的銷售額，制定更加科學的銷售策略。

（4）提供新的決策方案。ChatGPT 可以對製造企業的海量數據進行分析，給出新的生產決策方案，為製造企業的生產管理提供新思路。

如何實現 ChatGPT 與 ERP 系統的整合呢？製造企業需要做好以下幾個方面：

（1）數據介面。製造企業需要在 ChatGPT 與 ERP 系統之間建立數據介面，讓 ChatGPT 可以訪問 ERP 系統中的數據。這些數據可以為 ChatGPT 進行科學分析、預測提供依據。

（2）模型整合。製造企業可以將 ChatGPT 整個預訓練模型嵌入 ERP 系統中，也可以只提取 ChatGPT 中的某些模組嵌入 ERP 系統中。

（3）結果整合。ChatGPT 生成的分析報告、預測結果等，需要與 ERP 系統的功能模組整合，共同為企業的生產計劃、經營策略的制定提供依據。製造企業需要規範 ChatGPT 輸出結果的格式，在 ERP 系統中整合這些結果的決策流程。

（4）使用者互動介面。在 ChatGPT 和 ERP 融合方面，製造企業需要開發新的使用者互動介面。透過這個介面，使用者可以與 ChatGPT 進行對話互動。這個介面需要連線 ChatGPT 與 ERP 其他模組。

（5）持續訓練。為了使 ChatGPT 能夠適應企業的業務變化，製造企業需要利用最新數據，持續對 ChatGPT 進行訓練，並將新模型應用到 ERP

系統中。

　　某汽車製造企業在多年的發展過程中，在 ERP 系統中整合了海量經營數據。但該企業在藉助 ERP 系統預測下一年產品銷量時，遇到了難題。原來，ERP 系統可以提供往年的銷售數據、每款產品的銷售數據、客戶屬性等訊息，但難以發現這些數據之間的關係並進行科學預測。

　　基於這個問題，該企業決定引入 ChatGPT，利用其強大的自然語言處理與機器學習能力進行科學的銷售預測。

　　在應用過程中，ChatGPT 不僅可以對各種已知數據進行分析，還可以考慮到更多影響銷量的因素，如汽車行業的整體銷售趨勢、油價走勢等，這是 ERP 系統難以做到的。透過對豐富數據的綜合分析，ChatGPT 可以給出較為準確的未來銷量預測結果。

　　此外，在使用企業數據訓練私有模型時，製造企業需要注意以下 3 個方面：

　　（1）數據品質。數據品質是影響模型準確性的重要因素。因此，在使用企業數據訓練模型前，製造企業需要對數據進行清洗、校驗，確保數據的準確性。

　　（2）模型訓練演算法。不同型別的數據要使用不同的模型訓練演算法。製造企業在選擇演算法時要考慮數據的特點，確保模型的準確性。

　　（3）模型的更新。隨著企業數據的更新，模型也需要不斷地疊代。因此，製造企業需要建立完善的模型更新機制，確保模型持續優化。

11.2.3　為設計師提供工具，輔助內容設計

　　徐某是一名知名的建築景觀設計師，2023 年 4 月，其負責對某庭院進行整體的建築景觀設計。從徐某設計出初稿到與客戶敲定設計方案細節，只用了一週左右的時間。高效溝通的實現源於徐某使用了搭載 ChatGPT 的輔助設計工具。

　　該客戶對庭院的細節要求很高，對綠植怎樣種植、走廊怎樣設計等細節問題都有明確的想法。在傳統設計模式下，設計圖紙修改後，設計師要重新製作一份效果圖，並與客戶確認。如果客戶有了新的要求，設計師需要根據客戶的新要求設計新的圖紙。在這樣的模式下，形成一份最終版的設計圖紙需要很長時間。

　　但有了 ChatGPT 的幫助，設計流程得到簡化。根據客戶的設計風格要求和設計細節要求，搭載 ChatGPT 的輔助設計工具能夠迅速生成大量設計方案，供客戶選擇。即使客戶提出新的要求，設計師也能夠在設計軟體上快速修改，並生成對應的效果圖。

　　除了建築設計之外，ChatGPT 同樣能夠在工業設計中發揮作用。

　　首先，ChatGPT 能夠對設計元素、市場趨勢、客戶需求等進行分析，幫助工業設計師了解市場需求，制定出更加科學的設計方案。

　　其次，ChatGPT 可以與工業設計軟體相結合，提升工業設計軟體的智慧性，為工業設計師提供設計輔助，如智慧生成設計效果圖、智慧調整設計方案等，縮短設計週期並提高設計品質。

　　再次，ChatGPT 可以改善工業設計師和客戶之間的溝通。工業設計師可以憑藉 ChatGPT 自動生成或優化設計方案，與客戶進行實時溝通，更好地滿足客戶的需求。

最後，ChatGPT 可以與 VR、AR 等技術相結合，改變工業 3D 建模的方式。工業設計師可以在虛擬空間中進行 3D 設計，更好地預覽和優化 3D 模型。同時，ChatGPT 能夠提升 VR 和 AR 應用的自然語言處理能力，工業設計師和客戶可以透過實時互動調整 3D 模型，提高工業設計師的工作效率。

除了將 ChatGPT 接入工業設計軟體外，一些企業還致力於藉助 Chat-GPT 背後的 AI 技術，推出新的智慧設計方案。

2023 年 2 月，群核科技宣布成立 AIGC 實驗室，並推出多款 AIGC 產業應用，其中包括 AI 智慧打光。AI 智慧打光是群核科技 KooLab 實驗室攜手光線雲科技、浙江大學 CAD&CG 實驗室推出的一項科學研究成果。該應用支持將任意家居設計圖中的打光方式一鍵應用於自身的設計方案中，幫助設計師節省了大量時間和精力。

此前，群核科技一直嘗試利用 AI 自動生成室內三維光照。而這次推出的 AI 智慧打光應用能夠根據大規模的三維場景數據對燈光設計的原則進行集中學習、模擬，根據三維空間和場景自動化生成的燈光效果可以與專業設計師設計的燈光效果相媲美。

數據是 AI 的驅動力，AIGC 燈光設計的相關訓練需要大量數據的支撐。數據收集、整理和分析耗時、耗力，基於此，群核科技建構了一個融合了大量燈光設計方案的合成數據集。該數據集包含上千個經過專業燈光設計的室內場景，支持室內設計企業在不侵犯智慧財產權的基礎上學習和訪問，能夠為室內設計企業提供智慧、高效的數據服務。

該數據集不僅解決了室內設計領域數據匱乏、數據品質低下的問題，還幫助室內設計企業建立了高效的 AI 訓練模型。AI 訓練模型能夠對虛擬

室內場景進行多元化模擬和高效能渲染，使 AI 能夠在虛擬模擬空間中自我學習，以更好地將 AI 智慧打光與虛擬室內環境相結合。

群核科技是室內設計全空間領域的開拓者，一直將 AIGC 作為自己的核心研究方向。除了數據集的開發外，群核科技還推出了文字自動生成室內場景、圖片自動生成三維模型等 AIGC 功能。群核科技推出的這些功能是 AIGC 技術在室內設計領域的典型應用。

ChatGPT 和其他 AI 模型的出現顛覆了傳統的設計方式。未來，ChatGPT 在設計領域的應用範圍將進一步拓展，更多的 AI 模型將會出現。這將會建構更加豐富、多元化的工業設計生態，幫助工業設計企業生成更加系統、精細化的設計方案。

11.2.4　AI 攜手設計師共創，探索新的設計路徑

當前，AI 機器人在智慧製造領域得到了一定的應用，成為製造業的得力幫手。未來，隨著 AI 機器人不斷發展，其將與設計師攜手共創，開拓全新的設計空間。

2023 年 1 月 10 日，百度舉辦了「Create AI 開發者大會」。這是百度主導的首個人機共創大會，大會的場景、歌曲、演講腦圖全部由設計師和 AI 機器人共同創作。其中，AI 獨立完成了大會開場演講和大會彩蛋的創作，AIGC 賦能人機共創的新模式被廣泛應用於此次大會的各個環節中。AIGC 全面融入大會，百度 AI 數位人開啟了人機共創時代。

AIGC 正在進入大眾所熟知的場景中。作為中國較早布局 AI 技術和頗具技術基因的網際網路企業，百度在本次大會上展示了 AIGC 技術成果，展現了自身對 AIGC 技術的深刻理解和全面布局。

百度 AI 數位人成為此次大會的技術呈現視窗。此次大會加強了以度曉曉、希加加、葉悠悠、林開開為代表的百度 AI 數位人的貫通，使「人機共創」的主題得到了更加全面、直觀的展示，而 AIGC 堪稱是此次大會重要的幕後創作者。

在大會的開場影片中，百度 AI 數位人希加加以跑酷的形式在不同維度的虛擬世界中來回穿梭。開場影片透過全 UE（Unreal Engine，虛幻引擎）動態場景製作，給參會者提供了更加清晰的畫面質感和電影級的運鏡體驗。虛擬數位人希加加出現在大會的各個環節中，包括大會彩蛋、樂隊演出、畫外音等。希加加的服裝、髮型和動作等均由 AI 生成，從而形成更加具象化的外形，希加加還具有 AI 繪畫、AI 作曲、AI 剪輯等功能。

在講解量子計算「乾」策略時，講解人和他的數位人分身一起出現在畫面中。數位人分身技術應用在大會中「猜猜真假數位人」環節，呈現出來的奇妙效果是由 AI 高擬人聲音合成技術和百度 2D 模擬數位人技術支撐的。

百度 AI 數位人樂隊演繹了歌曲《技術有答案》。在節目中，希加加擔任樂隊主唱和吉他手，度曉曉擔任鼓手，葉悠悠擔任貝斯手，林開開擔任鍵盤手。為了獲得更好的演繹效果，百度自主研發 AI 口型合成演算法，使演唱準確率高達 98.5%。數位人還連結了智慧控制系統，動作由系統實時驅動，最終形成自然、靈動的節目效果。

在大會結尾的數位人彩蛋中，度曉曉、希加加、林開開、葉悠悠共同討論了幕後創造的感受。數位人暢談 AI 作畫、AI 編曲、AI 特效創作等，對話十分流暢，幾乎與真人對話無異，而如此真實的對話依託的是柔體解算、AI 變聲、PLATO 開放域對話系統、TTS 語音合成、ASR（Automatic Speech Recognition，自動語音識別）等關鍵 AI 技術。此次大會由百度智

慧雲「曦靈」平台進行實時的物理模擬和場景渲染，結合 AI 演算法生成了更加生動的虛擬畫面。百度數位人在此次大會中的多元化應用，成功地將「人機共創」這一主題貫穿始終。

此次大會中播放的設計師與 AI 共創畫作的影片是人機共創的最佳展現。在影片中，當數位人在畫外提問「未來是什麼樣子」時，AI 與設計師共同創作的海報同屏呈現。大會還展現了大量 AI 與設計師共同創作的優美作品。在影片中，AI 和設計師共同詮釋創作精神，向每一位設計師致敬。AI 給予設計師更多的創作靈感，與設計師攜手展示了創作者頑強的精神和堅定的力量。

AI 攜手設計師共創的模式豐富了創作的形式和內容，隨著 AIGC 在設計領域的應用範圍不斷拓展，其將創造更加廣泛的價值。

11.3 ChatGPT 在製造行業細分領域的應用

ChatGPT 可以幫助製造行業實現智慧化生產，優化生產流程，助推整個行業的智慧化轉型。在製造行業不同的細分領域，ChatGPT 發揮著不同的作用。

11.3.1 紡織領域：實現改造重塑

當前，使用者對高科技和環保的關注度不斷提高，紡織領域需要積極轉型，以適應市場和使用者需求變化。引入先進技術，降低生產成本，成為紡織領域未來發展的必由之路。而 ChatGPT 在紡織領域的應用將實現對整個領域的改造重塑，主要表現在以下 3 個方面，如圖 11-2 所示。

實現布料生產智慧化

實現服裝設計訂製化

推動智慧可穿戴服裝產業化

圖 11-2　ChatGPT 在紡織領域改造重塑的表現

1· 實現面料生產智慧化

ChatGPT 可以接入面料生產線中，提高生產線的智慧化程度。例如，在面料生產方面，企業可以藉助 ChatGPT 對各種生產數據進行分析，制定科學的生產計劃；在品質檢測方面，ChatGPT 可以快速識別、定位生產過程中存在的面料瑕疵，並結合 AI 機器人實現瑕疵修訂。

2· 實現服裝設計定製化

ChatGPT 可以革新服裝設計方法，實現服裝設計定製化。ChatGPT 可以對未來流行的服裝顏色、款式等進行分析和預測，生成多種服裝設計方案，也可以根據使用者的個性化需求，生成個性化的服裝設計方案。同時，ChatGPT 也可以接入 3D 列印系統，提高 3D 列印的品質和效率。在此基礎上，3D 列印可以實現個性化私人定製。

3· 推動智慧可穿戴服裝產業化

在紡織物效能方面，ChatGPT 可以對面料成分進行智慧化分析，融入高技術纖維，推動智慧可穿戴服裝產業化，生產出一些具有新功能的智慧面料。

11.3.2　機械領域：加速智慧裝置更新

當前，雖然機械已經極大地解放了勞動力，但仍有許多工作需要人工完成。ChatGPT 在機械領域的應用將推動機械領域發生變革，加快機械裝置的智慧更新。

1· AI 大模型變革生產力工具

AI 大模型運用大量數據進行訓練，具有大算力與強演算法。AI 大模型適用的場景較多，只需要在開發時對大模型進行微調，其便可以應用於多個場景。AI 大模型可以應用於機械領域的人形機器人中，提升人形機器人的智慧程度。

AI 大模型優點眾多：一是 AI 大模型的普適性更強，應用場景更加廣泛；二是 AI 大模型具有的自監督學習功能能夠有效降低訓練成本；三是 AI 大模型進行了大量數據訓練，模型的精度得以提升。

2· ChatGPT API 已經釋出，商業化落地潛力巨大

2023 年 3 月 1 日，OpenAI 推出了 ChatGPT API 和 Whisper API，可實現語音轉文字。

藉助這兩個介面，機械領域的服務機器人、人形機器人將會得到快速發展。人機互動系統是人形機器人的重要組成部分，而語音語義分析能夠幫助機器人傾聽使用者想法並與使用者交流，是人機互動的重要途徑。ChatGPT API 能夠推動人機互動技術成熟，顛覆機械領域。

隨著 ChatGPT API 的開放，機械領域將迎來兩大改變：一方面，在 ChatGPT 的賦能下，服務機器人、人形機器人將實現進一步發展；另一方面，在建設基礎設施的過程中，對智慧裝置的需求將大幅增加。

人形機器人與 ChatGPT 的融合，將拓展人形機器人的應用場景。在兒童心理治療方面，人形機器人結合體感遊戲對兒童孤獨症患者有較好的干預效果，可以提高其社交能力。當前，已經有一些企業利用 ChatGPT 更新 AI 語音互動產品的功能。未來，更加智慧的人形機器人可以更好地完成輔助醫療諮詢、輔助治療自閉症等工作。

在養老方面，人形機器人可以成為老年人的貼心伴侶。人形機器人與 ChatGPT 的融合，可以提高人形機器人的智慧互動能力，提升老年人的養老體驗。

在工業場景中，人形機器人可以自動執行各種任務，滿足工業生產的各種要求。2023 年 3 月，特斯拉推出了一款人形機器人。其可以直立行走，靈活的手指關節可以滿足抓取各種工具的要求，能完成各種裝配任務。

總之，ChatGPT 能夠為機械領域智慧化更新提供有力支持，推動機械裝置智慧化程度不斷提升，提高機械裝置的運轉效率。

11.3.3　金屬領域：多維度變革運作模式

ChatGPT 在金屬領域的應用能夠多維度變革其運作模式，主要展現在以下幾個方面，如圖 11-3 所示。

圖 11-3　ChatGPT 在金屬領域的變革

1. 能夠解決礦產採選中的痛點

礦山建設過程中存在許多痛點，從探礦到後面的建設規劃與開發，每一項工作都需要工作人員擁有豐富的經驗、精準的計算水準和合理的專案規劃。ChatGPT 的出現解決了礦產採選的痛點，提升了工作效率。

在礦產採選過程中，ChatGPT 能夠將當前專案與歷史專案進行對比，利用數據分析快速進行資源計算，彌補管理供應鏈的短板。ChatGPT 具有的 AI 合作功能可以自動進行專案規劃、撰寫可行性研究報告與其他複雜檔案，減輕工作人員的壓力。

2. 能夠節約人力資源

金屬領域勞動分工的形式主要分為體力勞動與腦力勞動。體力勞動的特點是低門檻、高體力，如搬運礦石等工作，能夠被人形機器人或大型機械取代。簡單的腦力勞動主要是收集、處理、分析數據，對各類訊息、專業知識進行彙總，實現訊息聚合。這種簡單的腦力勞動可以由以 ChatGPT 為代表的 AI 工具完成，節省了許多人力資源，人才可以進行更加複雜的腦力勞動。

3. 能夠對金屬領域的供應鏈進行管理

金屬領域的供應鏈有 5 個環節，分別是計劃、物流管理、生產管理、產品回收、資產管理。在計劃環節，ChatGPT 可以運用歷史數據及相關模型制定計劃；在物流管理環節，ChatGPT 能夠運用 AI 提升運力，減少物流成本；在生產管理環節，ChatGPT 可以對產量進行智慧彙總，及時回饋生產效率；在產品回收環節，ChatGPT 可以制定回收計劃，降低成本；在資產管理環節，ChatGPT 可以對資產進行快速彙總，並初步分析資產管理結果。

4 · 能夠節約各項成本

ChatGPT 能夠降低金屬領域的各項成本，金屬領域成本構成主要有原材料、折舊、能耗、人工薪資等。

在原材料方面，ChatGPT 能夠在供應鏈管理、價格預測等方面優化原材料採購，減少浪費，降低成本。在折舊方面，ChatGPT 透過建立折舊財務模型對裝置進行管理，能夠更好地反映裝置的實際使用情況。在能耗方面，ChatGPT 能夠對生產情況實行動態監控，並生成報告，如果存在浪費的現象，ChatGPT 能夠對生產流程進行優化，降低能耗。在人工薪資方面，ChatGPT 能夠進行基礎檔案準備，節省了人力，降低人工薪資。

未來，ChatGPT 將更好地賦能金屬領域，助力金屬領域發展，幫助金屬領域提質增效、節約成本。

11.4　ChatGPT 引發 AI 製造熱潮，大廠加速入局

在工業製造實現智慧化的過程中，技術能力無法滿足實際需求、解決方案難以落地、智慧製造成本較高等難題始終存在。而 AI 大模型具有多工通用能力，能夠破解製造行業面臨的難題，成為製造行業發展的新的驅動力。ChatGPT 在製造行業的應用是一個起點，用 AI 解決行業問題將成為趨勢。當前，已經有不少企業，如輝達、微軟、百度等，推出了自己的 AI 落地方案，助力製造業的發展。

11.4.1　輝達：以虛擬合作平台助力汽車製造

在 AI 技術快速發展的浪潮下，汽車製造行業迎來一場全新的數字革命。其中，輝達推出的 Omniverse 平台為汽車製造提供了新工具，能夠推

動汽車外觀設計、軟體開發、智慧生產等各個環節的數位化程式。

Omniverse 平台是一個功能豐富的虛擬合作平台，能夠幫助工程師、創作者、設計師建構設計工具、專案、資產之間的連線，在共享空間中實現內容的合作生產。Omniverse 平台的使用者覆蓋範圍十分廣泛，工程師以及任何可以使用 Blender 開源 3D 軟體應用的使用者都可以輕鬆地在 Omniverse 平台上生產內容。Omniverse 平台已擁有百萬名使用者，以下是 Omniverse 平台的主要應用。

1 · Omniverse Avatar

Omniverse Avatar 採用了自然語言理解、電腦視覺、語音人工智慧、推薦引擎和模擬等技術，能夠生成互動式人工智慧化身。Omniverse 平台建立的虛擬形象具備光線追蹤的 3D 影像效果，是一種十分具象化的互動式角色。Omniverse Avatar 能夠建立敏捷的 AI 助手。Omniverse Avatar 根據企業需求定製的 AI 助手可以幫助企業處理數十億次客戶服務請求，如個人預約、餐廳訂單、銀行交易等，為企業創造更多的商機。

2 · Omniverse Replicator

Omniverse Replicator 是一款合成數據生成引擎，主要用於生成訓練深度神經網路的物理模擬合成數據。Omniverse Replicator 引入了兩個生成合成數據的應用程式，分別是自動駕駛的數位孿生虛擬世界 —— NVIDIA Drive Sim 和可操縱機器人的數位孿生虛擬世界 —— NVIDIA Isaac Sim，這兩個應用程式是該引擎取得的首批成果。在使用上述應用程式時，創作者能夠以突破性的方式引導 AI 模型填補現實世界的數據空白，並生成真值數據。Omniverse Replicator 可以根據機器人開發者的需求，生成精確的物理數據和真實數據。

3·Omniverse Audio2Face

Omniverse Audio2Face 是一款 AI 應用程式，根據音訊來源即可生成面部表情動畫。

Omniverse Audio2Face 可以根據創作者提供的音軌自動生成 3D 角色動畫，角色型別主要包括電影角色、遊戲角色、虛擬數位助手等。創作者可以將 Omniverse Audio2Face 作為創作傳統的面部動畫的工具，也可以將其作為建立互動式應用角色的工具。

Omniverse Audio2Face 預裝的 Digital Mark 支持音軌的動畫處理，創作者只需要將音軌素材上傳至 Digital Mark 音軌處理系統中，Digital Mark 便能夠即刻生成音訊輸入回饋並傳輸至深度訓練的神經網路。而後，Digital Mark 能夠根據音軌特徵自動調整角色網格的 3D 頂點，從而建立生動的面部動畫。在面部動畫生成後，創作者還可以透過修改後期音軌處理引數優化動畫效果。

Omniverse Audio2Face 支持角色的自由轉換。創作者可以自行調整角色面部表情的細節，並利用不同的音源批次生成不同的動畫。創作者還可以指定場景中的角色的數量以及角色的分工。

Omniverse Audio2Face 能夠幫助創作者給角色選擇合適的情緒，生成相對應的表情、動作。Omniverse Audio2Face 能夠自動操縱角色頭部、眼睛、嘴部、舌頭的運動，以匹配選定的情緒範圍，展現合理的情緒強度。藉助 Omniverse Audio2Face 平台，創作者能夠輕鬆、快速地為角色建立逼真的表情，以增強角色在場景中的沉浸式效果。

4 · Omniverse Create

Omniverse Create 主要應用於高級場景的合成，主要基於 USD（Universal Scene Description，通用場景描述）工作流的大規模場景而建構。Omniverse Create 廣受工程師、設計師和藝術家的歡迎。Omniverse Create 可以實時搭建複雜的 3D 場景，並對場景屬性進行精準的模擬，以實時互動的方式組裝、模擬、渲染場景。

Omniverse Create 可以將各種型別的設計檔案彙總在一起，實時更新設計檔案的數據，輕鬆地追蹤設計檔案的修改，便於創作者對設計檔案進行實時更新和快速疊代。Omniverse Create 能夠將逼真的場景渲染成高保真影像，並精準、穩定地擷取影像畫面，保障影像生成的品質和效果。

Omniverse Create 引入一些高級布局工具，能夠幫助創作者輕鬆地建構虛擬世界。在建構虛擬世界時，創作者可以使用 Omniverse Create 素材庫中的填充素材（包括道路、樹木、建築等）或者引入自己的素材，而後藉助由 NVIDIA PhysX 5 提供動力支持的 Zero Gravity Mode 合成虛擬場景。同時，Omniverse Create 還支持創作者從 SideFX Houdini 或 Epic Games 的虛幻引擎中匯入景觀。

Omniverse Create 融入了 RTX（Real-Time Ray Tracing，實時光線追蹤）渲染器應用程式，支持多 GPU（Graphics Processing Unit，圖形處理單元）的高級路徑追蹤，能夠在虛擬場景中同時渲染數十億個多邊形，使場景具備更加精美的全域性反射和折射效果，從而打造更加逼真的場景和視覺化的效果。

Omniverse Create 支持骨骼動畫創作、混合形狀搭建、動畫剪輯和動畫快取，並具備高級模擬功能，能夠對虛擬場景進行立體重塑，使其達到

最接近真實的效果。

Omniverse Create 整合 Flow、Blast 和 NVIDIA PhysX 5，以呈現可變形的物理動畫效果。創作者可以透過 Omniverse Create 的 Movie Maker 工具，將模擬場景匯出為序列化影像或 MP4，也可以結合使用 NVIDIA CloudXR 和 NVIDIA Omniverse 串流客戶端，將高保真的增強現實內容傳輸至移動端裝置。

Omniverse Create 包含一些生成式 AI 工具，使得 3D 虛擬世界的建立更加簡單，能夠在較短的時間內快速生成多樣化的空間場景，為創作者提供更多可選擇的設計方案。

5・Omniverse Machinima

Omniverse Machinima 主要應用於動畫電影創作，能夠將虛擬世界中的角色和場景進行自然的融合，形成更加生動、逼真的動畫場景。Omniverse Machinima 能夠為創作者提供高保真渲染器和製作動畫的工具。

為了生成更加逼真的畫面效果，Omniverse Machinima 植入了 NVIDIA MDL 材質庫，以更好地保障每個材質的表面和紋理的真實性。Omniverse Machinima 啟用 Omniverse RTX 渲染器，使畫面在參考路徑追蹤模式和實時光線追蹤模式之間自由切換，以打造更加逼真的場景。

Omniverse Machinima 能夠藉助 Audio2Gesture 和 Audio2Face 技術將音訊轉換成動畫。設計師只需要在音訊轉動畫系統中輸入動畫的主題和臺詞，就可以生成生動的動畫角色。藉助 Blast、Flow 和 PhysX 5 等技術，Omniverse Machinima 能夠為角色打造真實的物理特性，為角色的呼吸、動作增添真實感，使角色與環境能夠充分融合。Omniverse Machinima 能夠使用移動或網路鏡頭精準地捕捉人體動作，助力 3D 動畫角色更好地模

仿人類動作。

Omniverse Machinima 能夠基於動畫節點編輯角色，從而讓角色更加生動。Omniverse Machinima 能夠藉助動畫定向工具，為角色系統增添多個預設動畫，以打造更加逼真的動畫效果。

6 · Omniverse View

Omniverse View 是一款便捷且強大的視覺化應用，能夠為創作者提供豐富的場景預設素材。例如，創作者想要為動畫繪製天氣狀況，Omniverse View 能夠為創作者提供預設的一系列形態的太陽、雲等素材。同時，Omniverse View 還支持創作者對預設的素材進行調整，並引入一些必要的細節，以達到更加震撼、逼真的沉浸式、視覺化效果。

在 Omniverse View 平台上，創作者能夠在動態、虛擬的環境中檢視動畫的全保真模型並與其互動。Omniverse View 能夠串聯不同的移動端裝置，連線供應商、專案經理和創作團隊，從而實現流程無縫銜接。

該平台簡化了 3D 工作流程，可以讓工程師自定義 3D 工作流程，模擬物理級精確的虛擬世界。汽車製造企業可以在虛擬世界中開展汽車開發工作，避免傳統開發過程中的各種問題，提高開發效率。

Omniverse 平台能夠實現汽車的全方位視覺化。位於世界各地的工程師可以透過平台實現實時合作，透過實時渲染加速汽車開發。同時，工程師團隊可以透過訊息的實時傳遞，聯合設計汽車零部件。汽車製造企業可以在虛擬世界中模擬汽車開發流程，了解汽車開發過程中存在的問題並及時解決問題，減少實際測試成本。

藉助 Omniverse 平台，汽車製造企業的開發流程得以優化。工程師可以在虛擬環境中測試各種汽車零部件，例如，工程師可以透過計算流體力

學優化汽車的空氣動力學設計，透過在虛擬世界中模擬汽車的碰撞提升汽車的安全性等。

汽車製造是一項複雜的工程，涉及諸多零部件，並且需要眾多參與者有序地開展各項工作。在這個過程中，任何一個環節出現問題，都會導致成本增加。汽車製造企業可以藉助 Omniverse 平台，為汽車的全流程開發建立虛擬環境，基於數位孿生技術進行汽車製造的預測性分析，提高汽車開發效率。

在汽車製造過程中，進行一項關鍵工作前，工程師可以在虛擬世界中對接下來的工作流程進行評估和驗證，再在現實中進行相關部署。這能夠在相當程度上節省成本，提高效率。

除了為汽車製造提供虛擬環境外，Omniverse 平台還可以提供開發、測試自動駕駛系統的工具。DRIVE Sim 是基於 Omniverse 平台建構的模擬平台，支持工程師進行自動駕駛汽車的測試和驗證。在 DRIVE Sim 平台上，工程師可以進行整個自動駕駛系統的模擬、開發和測試。

工程師可以在 DRIVE Sim 平台上進行常規駕駛場景、高風險駕駛場景等多種場景的模擬，在這些場景中進行自動駕駛測試。同時，DRIVE Sim 平台還可以將現實世界的駕駛記錄融入模擬環境，生成可互動的模擬場景。

客戶能夠透過 Omniverse 平台獲得更好的體驗。例如，藉助 Omniverse 平台，客戶可以在購買前在虛擬世界中體驗汽車的各項功能；客戶可以自定義汽車配置，選擇汽車的顏色、內飾等，在 3D 視覺化技術的支持下，客戶可以全方位檢視個性化的汽車效果圖。

Omniverse 平台能夠基於強大的功能助力汽車製造企業重構生產流程，提高生產效率。此外，Omniverse 平台不僅可以為汽車製造行業帶來

變革，還可以改變更多製造企業的生產經營方式，助推製造企業的數位化轉型。

11.4.2　微軟：以生成式 AI 為企業賦能

生成式 AI 可以對應用軟體進行智慧更新，提高應用軟體的智慧化水準。這將大幅提升工業生產效率。在生成式 AI 方面，微軟頗有建樹。其憑藉生成式 AI 方面的技術優勢，與西門子達成合作。

透過此次合作，西門子將充分發揮微軟生成式 AI 的協同作用，提升產品生產效率。微軟和西門子將西門子產品生命週期管理軟體 Teamcenter 和微軟的協同軟體 Teams、生成式 AI Azure OpenAI 進行了整合。這將大幅提升西門子跨職能部門的合作能力，同時賦能軟體開發、報告生成、品質檢測等工作，提升西門子的自動化水準。

透過此次合作，微軟將協助西門子簡化工作流程，打造更加和諧的協同環境。微軟對西門子的助力主要展現在以下 3 個方面。

1. 以 AI 促進內部協同

整合微軟 Teams 軟體的 Teamcenter 將實現更新，助力工程師、操作人員和不同部門的工作人員快速實現閉環回饋。在新的軟體的助力下，操作人員可以透過自然語言記錄產品設計或品質問題。同時，在 Azure OpenAI 的助力下，該軟體可以解析接收到的語音數據並生成總結報告，發送給相應的工程師。

微軟 Teams 軟體還提供各種便利功能，如推送通知以簡化審批工作、縮短提出設計變更請求的時間等。微軟 Teams 軟體與 Teamcenter 的整合，可以為工作人員提供更多支持，使其能夠更便捷地參與產品的設計和製造。

2. 以 AI 驅動生產自動化

微軟和西門子將共同幫助工程師加快可程式設計邏輯控制器的程式碼生成。在 2023 年 4 月舉辦的「漢諾威工業博覽會」上，微軟和西門子共同展示瞭如何藉助 ChatGPT、Azure OpenAI 等提高西門子的工業自動化水準，包括如何使用自然語言生成程式碼、如何實現軟體錯誤自動識別並生成解決方案等。生成式 AI 的應用將極大地提升西門子產品生產的自動化水準。

3. 利用工業 AI 檢測產品缺陷

在生產過程中儘早檢測到產品存在的缺陷，能夠避免後期生產調整耗費的巨大成本。藉助電腦視覺等工業 AI，企業能夠更精準地識別出產品差異，快速進行調整，實現產品品質控制。

在漢諾威工業博覽會上，微軟與西門子展示了如何透過部署 Azure OpenAI 和西門子 Industrial Edge 工業邊緣解決方案，使用機器學習系統對攝影機捕捉到的內容進行分析，並將其用於在工廠建構、執行和監控 AI 視覺模型。

微軟憑藉 Azure OpenAI 技術，為製造企業賦能，助推製造企業的自動化、智慧化疊代。未來，微軟將攜手更多企業，以先進的 AI 技術助力企業良好發展。

11.4.3　百度：推出多個平台，助推智慧製造發展

長久以來，百度始終聚焦 AI 領域進行創新，形成了自己的競爭優勢。在行業應用方面，百度憑藉 AI 技術優勢，推出了多個行業應用平台，為製造企業的智慧製造轉型更新賦能。

1·百度大腦 AI 開放平台

百度大腦 AI 開放平台以百度智慧雲為依託，幫助各行業實現智慧化更新。百度大腦 AI 開放平台已經對外開放 200 多項核心 AI 技術能力，包括語音識別、影像識別、機器翻譯、語言處理等。開發者可以藉助平台中的各種技術、AI 能力，快速建構智慧應用，助力製造企業智慧化轉型。

在工業製造場景中，百度大腦 AI 開放平台可以助力製造企業打造安全、可靠的智慧基礎設施，賦能工業製造中的產品設計、生產製造、物流、客戶服務等多個環節，推動製造企業降本增效，實現智慧化更新。

不同細分領域的製造企業可以憑藉百度大腦 AI 開放平台部署不同的智慧應用。例如，化纖企業可以部署 AI 質檢裝置，提升裝置的檢測能力；能源企業可以部署 AI 中臺，大幅減少人工巡視的工作量等。

2·百度 VR 2.0 產業化平台

2021 年 10 月，百度正式推出 VR 2.0 產業化平台。該平台以百度大腦系統為基礎，結合智慧語音、知識圖譜等多項百度自主研發的前沿技術，形成了強大的技術矩陣。

百度 VR 2.0 產業化平台以智慧編輯、虛擬化身等技術為支撐，能夠進行 VR 創作與 VR 互動，適用於教育、行銷、工業等領域的多個商業化場景。具體而言，百度 VR 2.0 產業化平台主要具有以下 3 個特點：

一是能力開放。憑藉百度大腦、智慧雲等技術的支持，百度 VR 2.0 產業化平台在 3D 建模、多人互動、內容分發和感知互動等方面，都擁有深厚的技術累積。同時，百度 VR 2.0 產業化平台以百度智慧語言技術、知識圖譜技術、智慧視覺技術等組成 AI 能力矩陣，並融合素材理解、內容生產、感知互動等技術，以開發者套件的形式向行業開放。

二是平台通用。百度 VR 2.0 產業化平台包含 VR 創作、VR 互動兩個平台。VR 創作平台具有素材採集、編輯管理、內容分發等功能，可以讓內容消費通路更加順暢；VR 互動平台則集虛擬場景、虛擬化身、多人互動等功能於一體，發揮視覺化訊息在工業製造中的重要作用。

三是場景豐富。百度 VR 2.0 產業化平台基於強大的產品矩陣和技術累積，打造了教育、行銷、會展等多個場景的 VR 解決方案。

總之，百度 VR 2.0 產業化平台打通了從平台建構到生態營運之間的多個環節，形成了一條完整的產業鏈。其為企業提供技術和工具，制定個性化的 VR 解決方案，解決不同場景下企業生產製造中的痛點，幫助企業實現降本增效。

基於以上平台的打造，百度能夠以豐富且強大的功能，為製造企業賦能。目前，兩個平台在製造企業產品設計、生產、銷售等多個環節都實現了落地應用。未來，隨著平台功能的完善，其將為更多製造企業提供服務，助力製造企業實現智慧化疊代。

第 *12* 章 醫療行業：ChatGPT 提高醫療服務品質和效率

ChatGPT 的出現讓越來越多的人開始重新審視 AI 技術，探索 AI 技術在更多領域的應用。那麼，ChatGPT 能夠給醫療行業帶來怎樣的變革？

從短期來看，ChatGPT 可以作為輔助手段，成為醫生的好幫手，幫助醫生進行決策，優化醫生工作流程。從長期來看，ChatGPT 在醫療行業的應用將優化醫療服務，推動數字健康產業發展。在 ChatGPT 變革醫療行業的過程中同樣潛藏著巨大機遇，以 AI 為切入點提供智慧醫療服務，成為醫療企業入局的重要方式。

12.1 ChatGPT 可以成為醫生好幫手

在醫療領域，ChatGPT 可以成為醫生的好幫手，完成醫療文字整合、患者健康監測、醫療問答、疾病診斷等工作，為醫生進行臨床研究提供幫助。

12.1.1 醫療文字整合：醫療數據整合與輸出

ChatGPT 作為一款十分火爆的 AI 應用，擁有深度學習、自然語言處理等能力，可以深度理解使用者的提問並生成流暢、準確的文字。這能夠助力醫療行業的文字整合與輸出。

以往，醫療文字數據管理往往由人工完成，需要人工解析和錄入。這種方式十分費時費力，並且容易出錯。而 ChatGPT 可以有效解決這些問題，提高文字數據處理的效率。例如，ChatGPT 可以快速從海量醫學數據中提取關鍵訊息，向醫生提供某一種疾病或某一個問題的詳細數據。醫生可以透過與 ChatGPT 對話，獲得自己想要的訊息。

目前，這種智慧對話形式的 AI 技術在醫療科普中的應用已經初現雛形。醫療領域共享經濟平台「有來醫生」表示，將成為百度文心一言先行體驗官之一，將在未來依託文心一言強大的語言處理能力，將其智慧對話技術應用於健康科普領域。

此外，著名眼科醫生陶勇也成為文心一言的生態合作夥伴。其團隊聚焦人機對話和數位醫生場景的融合創新，提升健康科普的智慧化水準。同時，其團隊將依託文心一言在內容檢索、智慧回覆等方面的能力，提升內容製作的效率，讓陶勇 AI 數位醫生具備更高的互動水準。

未來，AI 技術的數據整合和輸出能力將在醫療領域得到更加廣泛的應用。文心一言在這方面的應用為 ChatGPT 提供了範例。未來，ChatGPT 有望成為醫院、醫療團隊的合作夥伴，實現醫院或醫療團隊海量醫療數據的整合與輸出。

12.1.2　患者健康監測：輔助醫生實現智慧監測

智慧健康監測是一種透過感測器、無線通訊技術實時監測患者的身體健康狀況的方法。

ChatGPT 與智慧健康監測系統的結合，將使系統更加智慧，可以實現患者心率、血壓、體溫等多種指標的監測，並將這些數據傳輸到醫院的數

據庫中，醫生可以遠端檢視患者的健康狀況。以往，醫生需要透過檢視患者的病歷、與患者面對面溝通等方式了解患者的病情，十分耗時費力。而 ChatGPT 可以實現患者健康狀況的及時回饋，避免了訊息的滯後性，提高了醫療服務的品質。

透過智慧健康監測，ChatGPT 可以對監測數據進行整合分析，並針對患者輸出個性化診療方案；可以對海量的病歷數據進行分析，找出不同患者的共同點，或者發現不同疾病之間的聯繫、影響因素等，進而降低醫療成本。

當前，以 AI 為依託的智慧健康監測已有應用先例。聚焦疾病預判和健康管理的 AI 公司杉木生物科技有限公司（以下簡稱「杉木」）基於 AI 智慧演算法和數字流微控，推出了一款智慧數字微流控光學感測器。其可以透過對患者尿液代謝成分的分析，實現對患者健康狀況的監測。

目前，市面上的很多可穿戴裝置往往只能進行體表監測，難以對患者的身體代謝情況進行監測。而人體的尿液中含有豐富的細胞代謝產物，這些代謝產物與人體的健康狀況密切相關。許多疾病都可以透過尿液分析得出結論。

基於此，杉木推出了以尿液檢測為主要功能的健康監測裝置。該監測裝置可以放置在馬桶內壁使用，便於收集和分析尿液，分析結果會上傳至 App。

此外，滿足全天候的健康管理需求，為患者提供幫助，也是 ChatGPT 落地應用的重要方向。ChatGPT 能夠幫助慢性病患者管理自己的健康狀況，提高其生活品質。

目前，每天都需要進行健康監測的慢性病群體越來越大。醫療保健模

式、家庭醫生服務模式等難以滿足患者的看病需求，甚至在一些情況下還可能延誤診治。在這方面，ChatGPT 擁有廣泛的應用場景，可以滿足患者全天候健康管理的需求。ChatGPT 可以實時提供疾病管理和保健須知，幫助患者療養身體，減少併發症、急性發作等。其可以作為可穿戴裝置的智慧軟體系統，對患者的健康狀況進行全天候監測，進行個性化健康干預，提醒患者進行健康篩查並保持健康的生活習慣。

　　ChatGPT 在醫療行業的健康監測、慢性病管理等多個領域都有廣闊的應用前景。未來，ChatGPT 有望為使用者提供從疾病預防、疾病診斷、住院治療到院外康復的全流程健康管理智慧解決方案。

12.1.3　醫療問答：提供完善的醫療諮詢服務

　　為了提升醫生和患者的溝通效率，提升患者的就醫體驗，不少醫院都推出了 AI 客服，為患者提供智慧答疑、複診提醒、用藥提醒、醫療查詢等服務。而 ChatGPT 與醫療 AI 客服的結合，將極大地提升醫療 AI 客服的智慧性。這主要展現在以下 3 個方面，如圖 12-1 所示。

圖 12-1　ChatGPT 對醫療 AI 客服的賦能

1 · 提升自動回覆能力

AI 大模型的能力來源於對數據的大量訓練，持續的數據訓練能夠不斷提升 AI 大模型的語義理解能力和自然語言生成能力。基於已經訓練成熟的 GPT-4 大模型，ChatGPT 可以提升醫療 AI 客服的理解能力和反應能力，AI 客服能夠深度理解使用者的提問並準確、快速地響應，提升使用者的諮詢體驗和滿意度。

2 · 提升意圖識別能力

醫療 AI 客服能否處理複雜的問題，關鍵在於其對使用者意圖的識別是否準確。當前，醫療 AI 客服對使用者意圖的理解比較淺顯，只能處理一些簡單、重複性、流程性的諮詢工作，而複雜的、需要情感關懷的諮詢工作，則由人工完成。

ChatGPT 與醫療 AI 客服的結合提供了新的解決方案。ChatGPT 可以對文字、語音、影像等數據進行綜合分析，更準確地識別使用者的意圖。憑藉 ChatGPT 的賦能，醫療 AI 客服能夠基於與使用者的歷史對話、當前的溝通情景等，更準確地識別出使用者的意圖。同時，基於 ChatGPT 具備的深度學習能力，醫療 AI 客服能夠進行智慧化的問答推薦，提升自身在健康問題諮詢、醫院業務諮詢、服務應答等環節的服務品質。

3 · 優化人機互動體驗

當前，醫療 AI 客服在處理問題時的應變能力較差。一旦使用者詢問的問題超出知識庫的範疇，或者超出了預設流程，醫療 AI 客服就難以應對。而 ChatGPT 可以很好地解決以上問題。基於 ChatGPT 強大的知識庫和內容生成能力，醫療 AI 客服能夠避免千篇一律的機械式問答，實現更加智慧的個性化回答。

同時，基於 ChatGPT 的賦能，醫療 AI 客服還能夠提供專業的醫療健康建議、對溝通記錄進行標記、智慧推薦醫療產品與服務等，以更加人性化的方式與使用者溝通。

線上下醫院場景中，接入 ChatGPT 的醫療 AI 客服可以作為醫生的助手，分擔醫生的部分工作，減輕醫生的工作壓力。例如，在診前，醫療 AI 客服能夠獲取患者的基礎訊息，將其分診到對應的專科醫生；在診中，醫療 AI 客服可以介入醫生與患者的對話，抓取其中的關鍵訊息並生成回覆文案，為醫生回覆問題提供參考；在診後，醫療 AI 客服能夠幫助醫生整理患者訊息，生成電子病歷。

總之，ChatGPT 能夠從多個方面提升醫療 AI 客服的能力，助力其提供完善的醫療諮詢服務，提升患者的就醫體驗。

12.1.4　疾病診斷：幫助醫生做出診斷決策

在輔助疾病診斷方面，ChatGPT 也能夠發揮重要作用。將 ChatGPT 融入疾病診斷過程中，有利於提高醫生的決策效率，幫助醫生制定出更加精準的診療方案。具體來說，ChatGPT 在疾病診斷方面的優勢主要展現在以下兩個方面，如圖 12-2 所示。

圖 12-2　ChatGPT 在疾病診斷方面的優勢

1 · 模仿醫生做出診斷決策

ChatGPT 具有很強的邏輯推理能力，能夠從海量的醫療數據中查詢到相關診療方案，並透過對患者病情的分析、對診療方案的比較，選擇出最適合患者的診療方案。ChatGPT 做出診斷決策並不是一個簡單地將患者病情與診療方案匹配的過程，而是憑藉邏輯推理能力，模仿醫生的診斷思路，在權衡患者病情、診療方案的風險、預計診療效果等因素後，給出最佳診療方案。

2 · 輔助醫生發揮最佳表現

憑藉強大的深度學習能力，ChatGPT 可以從數百家醫院的臨床經驗中習得最佳臨床技能和經驗，在短時間內完成一名合格的醫生所需要的教育和培訓。ChatGPT 可以連線患者的監護儀，訪問臨床數據，跟蹤醫生和患者的互動訊息，為醫生的診斷決策提供參考；可以透過分析診療記錄和醫囑，實現自我學習。ChatGPT 可以在醫生診療的過程中為其提供全面的數據支持，輔助醫生做出更加精準的決策。同時，ChatGPT 透過不斷學習，可以預測醫生的診斷決策，幫助偏遠地區的醫生掌握專業知識，提升專業技能。

在 AI 輔助醫療決策方面，Google 已經率先進行了探索。2022 年 12 月，Google 釋出了一款醫療 AI 模型 Med-PaLM。經過一系列考核後，該模型被證實幾乎可以達到人類醫生的水準。Google 表示，Med-PaLM 在科學常識方面的正確率很高；在理解、推理方面能夠達到人類醫生的水準，但在應用方面仍需要完善。

從長遠來看，ChatGPT 應用於疾病診斷還有很長的路要走。當前，在做出臨床決策之前，醫生往往需要做一些準備工作，例如，向患者詢問，

以解決自己的疑問；安排各項檢查以獲得準確的數據等。這些都是當前的 AI 大模型難以實現的。未來，隨著技術的發展，AI 輔助檢查將融入診療流程中，屆時，ChatGPT 將發揮更大的作用，醫療診斷的準確性也將進一步提高。

12.1.5　助力科學研究：幫助醫生進行臨床研究

在醫療科學研究領域，ChatGPT 同樣能夠發揮價值。ChatGPT 能夠改變掌握知識的方式，幫助醫生不斷完善知識，提升技能。ChatGPT 可以幫助醫生進行臨床研究，其作用主要展現在以下幾個方面：

（1）ChatGPT 可以幫助醫生記錄患者病歷，生成報告，減少醫生收集訊息的負擔，提高數據整理效率。

（2）ChatGPT 可以完成多種語言間的翻譯，幫助醫生快速翻譯文獻，助力醫生進行文獻研究。在文獻研究方面，其可以藉助自然語言處理技術，提取文獻中的關鍵訊息，幫助醫生更好地掌握醫學文獻中的關鍵內容，如實驗報告。

（3）ChatGPT 可以完成複雜的計算，提高醫學研究的效率，為醫生提供準確和完善的研究結果。ChatGPT 可以幫助醫生理解疾病的病理、病理和疾病之間的關聯等，為醫生提供研究思路。同時，ChatGPT 可以為醫生提供完善的統計數據，幫助其評估疾病的發生率、治療效果、治療策略等，幫助醫生了解疾病的發展趨勢。

（4）ChatGPT 可以加快新藥開發。ChatGPT 可以賦能藥物研發過程中的靶點驗證、模型建構、IND（Investigational New Drug，新藥臨床試驗）等環節。這將大幅提高藥企的藥物研發效率，降低藥物研發成本。例如，

ChatGPT 可以分析患者攜帶的基因的特徵，篩選出最佳的藥物靶點，為新藥開發提供理論依據，從而更有效地控制疾病的發展。

ChatGPT 在醫療科學研究領域的應用場景十分廣闊，可以協助醫生判斷診療方案的可行性，預測疾病的發展趨勢，提供有價值的統計數據，助力醫生取得更多科學研究成果。

目前，生命科學界已經出現類似 ChatGPT 的工具，並取得了一定的應用成果。美國加利福尼亞州的一家公司推出一款蛋白質工程深度學習語言模型——Progen，實現了 AI 預測蛋白質的合成。這些蛋白質與天然蛋白質不同，但和天然蛋白質的功效相同。在蛋白質設計方面，無論是小分子還是蛋白質分子，都需要生成一些新的結構。而 ChatGPT 的融入，可以提升蛋白質設計的多樣性。

未來，隨著 ChatGPT 與醫療科學研究領域的深度融合，更多的科學研究成果將會出現，極大地提升醫療研究效率和醫療服務水準。

12.2 「ChatGPT+ 醫療」的未來發展

ChatGPT 在醫療領域的應用將掀起醫療領域的變革，指引智慧醫療的發展。未來，ChatGPT 有望變革醫療服務模式，助力精準醫療發展，重塑健康管理方式，助推醫院變革，引爆 AI 醫療的價值。

12.2.1 變革醫療服務模式，優化醫療服務

醫療行業的複雜程度高，涉及方方面面的醫學知識。在短時間內，ChatGPT 可能很難在醫療領域全面落地，但 ChatGPT 可以在醫療服務的

多個環節發揮作用。這主要得益於隨著各種智慧醫療裝置的發展，醫療數據不斷增多，為 ChatGPT 在醫療領域的應用提供了源源不斷的養分。隨著 ChatGPT 在醫療領域應用的深入，其將變革當前的醫療服務模式。

未來，ChatGPT 將應用在疾病預防、疾病檢測、健康管理等多個方面，推動醫療的智慧化變革。

在疾病預防方面，ChatGPT 的優勢在於可以長時間、持續地對患者的檢查數據進行整合與分析。在日常疾病診斷中，醫生可能會忽略醫學影像中微小的病變碎片，而 ChatGPT 能夠精準、高效、全面地對影像進行分析，能夠捕捉到細微之處。ChatGPT 還可以在疾病預測方面發揮作用，實現對阿茲海默症、心血管疾病等多種疾病的預測。目前，AI 在影像識別領域的應用已經較為成熟，在視網膜影像識別、CT（Computed Tomography，電子電腦斷層掃描）影像識別等方面，AI 讀片的準確率已經超過了部分醫生。

在疾病檢測方面，ChatGPT 能夠模擬醫生的思維方式，融合自然語言處理、機器學習等技術，在較短時間內提供精準的診斷結果和個性化的治療方案，供醫生參考。

在健康管理方面，可穿戴裝置和家庭健康監測裝置的應用，實現了個人健康數據的動態監測。ChatGPT 接入健康管理裝置後，可以對這些動態數據進行整合與分析，判斷患者的健康水準，並為患者提供降血壓、降血糖、用藥等方面的指導。

總之，ChatGPT 可以深入醫療行業全鏈條，助力經驗醫學向智慧醫學轉變，變革醫療服務模式。

12.2.2 ChatGPT 助力，實現精準醫療

精準醫療是一種將患者個人基因、生活習慣等因素考慮在內，進而制定疾病預防計劃、疾病治療方案的醫療保健方法。ChatGPT 可以透過分析患者的健康數據，找到醫生可能忽視的關聯性，實現精準醫療。同時，ChatGPT 也可以基於基因組數據、醫學影像、診療記錄等，向醫生推薦更好的治療方法。

精準醫療離不開對海量基因數據的收集和分析，這意味著龐大的計算量。而基於強大的算力支持，ChatGPT 能夠實現對海量數據的快速分析。同時，基於深度學習技術的支持，ChatGPT 能夠在已有數據的基礎上不斷學習，總結疾病的特徵，為患者提供精準醫療服務。

當前，一些企業憑藉 AI 技術，已經在精準醫療方面取得了不錯的成績。例如，沃森健康公司旗下的沃森基因解決方案 Watson for Genomics，可以為精準醫療助力。Watson for Genomics 可以使腫瘤醫生更迅速地洞察患者的基因問題，幫助腫瘤醫生制定有效的解決方案，從而使精準醫療更廣泛地落地。

在腫瘤研究領域，發現基因突變時，醫生能夠透過將基因突變的數據和已有的分子靶向治療方案相匹配的方法，得到精準的治療方案。利用人工手段對患者的基因數據進行解讀，往往要耗時幾天甚至幾個星期。而在 AI 的助力下，這一過程只需幾分鐘。

Watson for Genomics 的功能主要有以下幾個。

1 · 整理基因數據

對於海量的科學論文數據和臨床數據，Watson for Genomics 只需短短幾分鐘就可將這些數據進行系統化的整理，並對其中的每一個基因組變異給出註釋。這是常規人工手段無法實現的。

2 · 根據基因數據匹配治療方案

Watson for Genomics 在讀取患者的基因組數據後，可快速將這些數據和臨床數據庫中的數據進行比對，幫助醫生獲得和患者腫瘤基因突變原因匹配的治療方案。

3 · 為執業醫師提供分析工具

透過患者腫瘤活檢測序結果，Watson for Genomics 可以分析患者的基因組數據，找出與病情變化相關的基因變化。針對這些基因變化，Watson for Genomics 會給出更加精準的治療方案，為醫生的決策提供依據。

Watson for Genomics 以 AI 技術為核心，從患者基因突變的角度出發，透過分析得出精準、有效的治療方案。而依託功能強大的 AI 大模型，ChatGPT 能夠對基因組數據進行更加深入的解讀，進一步提升精準醫療的效率。未來，ChatGPT 在精準醫療領域大有可為。

12.2.3　科學營養攝取，重塑健康管理方式

當前，ChatGPT 在各個垂直領域大顯身手。在醫療健康領域，很多企業基於 ChatGPT 研發創新技術與產品。

一些醫療行業的專家對透過 ChatGPT 實現科學營養攝取持樂觀態度。在未來，ChatGPT 可以生成個性化的健康飲食菜譜，滿足使用者對口味和

飲食偏好的要求；ChatGPT 還可以透過分析使用者的健康狀況和飲食偏好，生成個性化的飲食計劃，甚至設計出個性化的運動訓練計劃，提高使用者的健康水準。

當前，人們對健康管理和疾病預防的需求更加精細化，而 ChatGPT 能夠提供完善的健康管理解決方案，為人們提供定製化的健康計畫，提高人們的抵抗力。

ChatGPT 可以透過學習大量數據，生成文字、圖片等內容。應用到健康管理領域，其可以為使用者提供個性化的飲食方案、運動方案、慢性病療養方案等，為使用者提供全面、精準的健康管理服務。

雖然 ChatGPT 在健康管理領域的應用前景廣闊，但其中也存在著一些挑戰。例如，數據的品質和安全問題需要得到解決；技術的應用需要得到監管，以確保其可靠性等。

總體而言，隨著技術的進步，ChatGPT 與科學營養攝取的結合將成為一個重要的發展方向。這有助於人們更好地進行健康管理，同時也為相關企業帶來更多的商業機會。

12.2.4　醫院擁抱 ChatGPT，迎來多重改變

ChatGPT 在醫療領域有著廣泛的落地場景，給醫院帶來變革。當前，一些醫院已經開始利用 AI 技術搭建類似 ChatGPT 的模型，助力醫院內部的醫療、教育、科學研究等工作。

以復旦大學附屬華山醫院為例，其正在聯合技術公司搭建 AI 模型。模型搭建成功後，將應用於醫院的就醫導診、醫院內部知識庫建構、輔助醫生書寫電子病歷等場景中。AI 背後的很多技術架構都是開源的，依託

Transformer 的開源框架，技術公司可以幫助醫院搭建內部系統的模型，並根據醫院具體的應用場景來訓練這些模型。

ChatGPT 的訓練成本很高，完成單次模型訓練往往需要投入上千萬美元，這與通識性知識庫密切相關。但如果只在醫院內部使用，所需的知識就會聚焦在醫療這一特定的範疇內，訓練成本將大幅降低。

不同於 ChatGPT 擁有廣泛的應用場景，醫院內部的 AI 模型只基於醫院內部的數據進行訓練，在醫院內部使用，具有一定的壁壘。這也能夠展現出醫院的學科優勢和在臨床方面的價值。因此，並不是所有的醫院都能搭建 AI 模型。只有擁有大量醫療資源、具有學科優勢的研究型醫院，才可以憑藉豐富的數據訓練出更具價值的 AI 模型。

就 ChatGPT 而言，其在醫院的應用趨勢如何？網際網路醫院為 ChatGPT 的落地提供了合適的場景。

ChatGPT 與醫院智慧客服的結合，將提升智慧客服的服務能力，減輕醫院的導診壓力。基於強大的 AI 演算法，ChatGPT 將提升智慧客服回答問題的準確率。

ChatGPT 能夠應用到臨床診療中，為醫生的決策提供輔助。但是這種應用較為複雜，針對不同的病症都要建立起完善的數據庫。這意味著 ChatGPT 應用到臨床診療中需要一個長期的建設過程。

未來，ChatGPT 有望成為醫院的智慧「大腦」，為醫生的科學研究、臨床診斷、治療決策等提供支持。但是，ChatGPT 也存在犯錯的風險，需要不斷地完善。因此，在醫院中應用 ChatGPT 應該十分慎重，可以從風險較小的就醫導診、健康科普等領域入手，循序漸進地擴大應用範圍。

12.3　ChatGPT 浪潮下的機會

當前，ChatGPT、GPT-4 的爆紅吸引了眾多目光，其背後的核心技術 —— AI 也成為熱門詞彙。很多企業想乘著這股東風，加快在 AI 醫療領域布局。接入 ChatGPT、AI 大模型研發、AI 醫藥研發、AI 輔助診療、AI 疾病預測等都是企業布局的可行方向。

12.3.1　接入 ChatGPT：開放 ChatGPT 醫療應用

「AI 大模型＋外掛」模式在醫療領域的應用將推動醫療訊息化、醫保訊息化等方面的變革，為醫療企業的布局提供了新方向。當前，OpenAI 已經開放了 API 介面，允許其他應用接入 ChatGPT，這加速了 ChatGPT 在各領域的應用。

在醫療領域，2023 年 5 月，上海耀乘健康科技有限公司（以下簡稱「耀乘健康」）表示，旗下 AuroraPrime 臨床研究雲平台已完成與 OpenAI 的對接，實現了 ChatGPT 在臨床研究領域的應用。耀乘健康與國內多家知名藥物研發企業合作，試圖進一步拓展 ChatGPT 的應用場景。同時，耀乘健康測試多個知名 AGI（Artificial general Intelligence，通用人工智慧）大模型的效能，加速類似 ChatGPT 的大語言模型在臨床研究領域的應用探索。

作為一家知名的生命科學臨床研究數智化平台供應商，耀乘健康自創立起，就得到微軟加速器的大力支持，併成為微軟加速器 Founders Hub（創始人中心）的成員。Founders Hub 是微軟針對初創企業推出的一項幫扶計劃，為初創企業和創業者提供資金與技術支援。

2023 年年初，憑藉微軟加速器的技術支援，耀乘健康獲得了 OpenAI 開發者工具測試的優先許可權，實現了 AuroraPrime 平台和 OpenAI 的對接，並取得了階段性成果，如 12-3 所示。

圖 12-3　AuroraPrime 與 OpenAI 對接的階段性成果

1・全平台產品可使用 ChatGPT

AuroraPrime 平台擁有諸多產品，能夠滿足臨床研究不同環節的不同需求。此次與 OpenAI 的對接，成功將 ChatGPT 融入了平台諸多產品的操作介面。使用者能夠與 ChatGPT 進行智慧互動，提升互動體驗。同時，耀乘健康對專業內容的引用進行了優化和鎖定，提升了 ChatGPT 生成結果的適用性及專業度。

2・臨床研究檔案撰寫

Prime Create 是 AuroraPrime 平台上的一款針對臨床研究檔案撰寫而開發的 SaaS 軟體。在 ChatGPT 的助力下，該 SaaS 軟體拓展了內容輔助生

成的範圍，使用者能夠更加便捷地使用 AI 工具，提升臨床研究檔案撰寫的效率。

3·臨床試驗專案管理

Prime Coordinate 是 AuroraPrime 平台上的創新型 CTMS（Clinical Trial Management System，臨床研究管理系統）產品，具備高度靈活性和擴展性，能夠滿足不同企業在臨床試驗專案管理上的定製化需求。在 ChatGPT 的助力下，該 CTMS 產品擁有更加智慧的功能，如自動監查小結、智慧計劃提醒等，可以基於實際結果生成相關檔案。

4·臨床研究檔案管理

Prime Catalog 是 AuroraPrime 平台上的企業級檔案管理系統，能夠滿足使用者企業級檔案、專案級檔案等多維度的檔案管理需求。在 ChatGPT 的助力下，該系統可結合專案目錄結構、檔案名等訊息，向使用者智慧推薦檔案的歸檔位置，提升檔案管理效率。

以上功能只是 AuroraPrime 與 OpenAI 對接的階段性成果。未來，AuroraPrime 平台上的 AIGC 應用將隨著使用者需求的增加而不斷拓展。

自 ChatGPT 問世至今，新一代 AI 技術成果給醫療領域的研究帶來了更多想像空間，推動醫療領域發生巨大變革。憑藉微軟加速器的支持，耀乘健康成為較早一批透過 ChatGPT 部署行業級應用的企業。耀乘健康的種種嘗試，使得 ChatGPT 真正成為醫療企業觸手可及的智慧工具。

12.3.2　AI 大模型研發：助推智慧醫療革新

除了接入 ChatGPT 外，不少企業也在積極自主研發 AI 大模型，推動 AI 大模型在醫療領域的應用，助力智慧醫療革新。

以科大訊飛為例，2022 年，智慧醫療是科大訊飛布局的重要領域。多款醫療輔助產品可以為醫療機構提供全週期的醫療輔助服務，實現了訊飛醫療的高速增長。2023 年 5 月 6 日，科大訊飛釋出了訊飛星火認知大模型，該模型在醫療領域具有廣闊的應用前景。在訊飛星火認知大模型的支持下，訊飛醫療產品將實現技術更新，為使用者提供更加智慧的醫療服務。

訊飛星火認知大模型具備跨語種語言理解、情景式思維鏈邏輯推理、多工長文字生成、多語言程式碼能力等功能，可以提升醫療產品的智慧化水準，實現更加人性化的互動。這將使產品功能更加完善，助推產品應用場景的拓展。

過去幾年，智慧醫療逐漸從理論走向臨床。布局醫療領域的科大訊飛，憑藉 AI、大數據等技術，在智慧醫院、智醫助理等方向進行了應用探索。而訊飛星火認知大模型與科大訊飛醫療產品的結合，可以為患者提供全方位的醫療服務，在各個等級的醫院中都能發揮作用。

在醫療賽道中，成果和創新只是一時的，只有持續創新，企業才能長盛不衰。訊飛星火認知大模型成為推動訊飛醫療發展的重要力量。在訊飛星火認知大模型的賦能下，訊飛醫療能夠讓每位醫生都擁有一位功能強大的智醫助理。

訊飛星火認知大模型具備醫療知識全記憶能力、醫療文字理解能力、醫療文字生成能力、診療邏輯循證推理能力、主動多輪問診能力、醫療知

識自學習能力等，可以提升醫療產品的智慧化水準。在此基礎上，訊飛醫療的智醫助理將會在輔助醫生做出診療決策、優化患者健康管理流程等方面發揮重要作用。

基層醫療是醫療企業需要重點關注的應用場景，也是 AI 能夠發揮功效的重要臨床場景。2022 年，訊飛醫療的智醫助理覆蓋了全國近 400 個區縣，進行 AI 輔助診療，並修正診斷數據。這幫助醫生降低了錯診、漏診和用藥錯誤等風險。

從產品的可用性和商業化能力來看，智醫助理已經展現出了巨大潛能。未來，在訊飛星火認知大模型的賦能下，智醫助理能夠幫助醫生完成更多工作，為患者提供完善的健康管理服務。例如，智醫助理可以分析患者的病情，提供相應的疾病治療方案；可以針對患者的飲食偏好、生活方式、用藥情況等為患者提供個性化的健康管理服務。

未來，基於訊飛星火認知大模型的智醫助理，將逐漸應用到疾病預防、治療、急救、健康科普等場景中，並透過主動問診、多輪互動等功能，為患者提供個性化的醫療健康服務，讓每位患者擁有專屬 AI 健康助手成為可能。

12.3.3 AI 醫藥研發：瞄準生物製藥進行藥物創新

ChatGPT 會對醫藥行業產生怎樣的影響？下一個創新藥物會是 AI 發明的嗎？ ChatGPT 的火爆為醫藥行業的發展帶來了新的想像空間。

實際上，AI 在醫藥領域已經實現商業化應用，不少企業都在 AI 製藥領域積極布局。新藥研發是一項複雜的工作，從研發到成功上市，需要很長的時間和大量的資金。近年來，隨著 AI、量子計算等技術和生物醫藥

技術的融合，藥物研發的效率不斷提升。

例如，醫藥企業健康元旗下生物醫藥研究院和騰訊量子實驗室達成合作，雙方攜手推進「量子計算 +AI」在生物學研究、藥物研究等方面的應用，推動醫藥研發技術的進步。

AI 在生物醫藥研發方面的應用，覆蓋了藥品研發、生產、臨床試驗等環節。研發環節需要巨大的算力支持，以現有計算能力來看，企業需要付出很多的時間成本和經濟成本。而量子計算擁有強大的計算能力和模擬能力，能夠滿足更高的計算要求。

「量子計算 +AI」在生物醫藥研發方面的應用，可以幫助醫藥企業準確預測和理解化合物分子的性質、化合物分子在人體內的生物行為等。健康元與騰訊量子實驗室合作，能夠實現優勢互補，在更多領域進行醫藥研發，推動醫藥健康產業發展。

AI 可以輔助生物醫藥研發，可以透過機器學習、蛋白質計算模擬和結構預測等技術，輔助醫藥企業進行藥物研發實驗，提升新藥研發效率。健康元與騰訊量子實驗室的合作是醫藥企業進行研發探索的典型案例。可以預見，隨著 AI 技術的發展，未來將誕生一批 AI 驅動的新型生物科技企業。

12.3.4　AI 輔助診療：助力醫學影像分析

AI 輔助診療是 AI 在醫療領域應用的重要方向。在這方面，「AI+ 醫學影像」逐漸走向商業化，幫助醫生進行精準診療。

騰訊推出的智慧醫療產品 ——「騰訊覓影」已經實現了疾病智慧篩查。在研發早期，該產品只能對食道癌進行早期篩查，但隨著技術與功能

的疊代，目前該產品已經可以對多種癌症，如乳腺癌、結腸癌、肺癌、胃癌等進行早期篩查。已經有超過 100 家三甲醫院成功引入了騰訊覓影。

從臨床上來看，騰訊覓影只需要幾秒鐘的時間，就可以幫醫生「看」一張影像。在這一過程中，騰訊覓影不僅可以自動識別並定位疾病根源，還會提醒醫生對可疑影像進行覆審。

例如，在消化道疾病方面，中國的胃腸癌診斷率較低。騰訊覓影能夠提高胃腸癌早診早治率，每年可減少數十萬晚期病例。可見，騰訊覓影有利於幫助醫生更好地對疾病進行預測和判斷，從而提高醫生的工作效率，減少醫療資源的浪費。更重要的是，騰訊覓影還可以總結之前的經驗，幫助醫生提升治療癌症等疾病的能力。

在全產業鏈合作方面，騰訊覓影已經與多家三甲醫院合作建立了智慧醫學實驗室，共同推進 AI 在醫療領域廣泛落地。

目前，AI 需要攻克的最大難題就是從輔助診療拓展到精準醫療。例如，宮頸癌篩查的刮片，如果取樣沒有采好，最後很可能會誤診。而藉助 AI，醫生可以對整個刮片進行分析，從而迅速判斷是不是宮頸癌。

透過騰訊覓影的案例我們可以知道，在影像識別方面，AI 已經發揮出了強大的作用。未來，更多的醫院將引入 AI 技術、裝置。這不僅可以提升醫院的自動化、智慧化程度，還可以提升醫生的診斷效率以及患者的診療體驗。

12.3.5　AI 疾病預測：實現早發現早治療

提前預測患病的徵兆可以降低疾病發生的風險，因此對患者的情況進行預測和評估十分重要。AI 在醫療健康領域的發展，給預測疾病帶來新的可能。

臨床研究軟體工具設計公司 Unlearn.AI 推出的一款 AI 系統，能夠實現對阿茲海默症的預測。阿茲海默症俗稱「老年痴呆」，不僅治療費用高昂，而且致死率很高。如果能夠透過早期篩查檢測出某人有患阿茲海默症的可能，就能夠降低後期的治療費用。

Unlearn.AI 的系統開發主要分為兩大部分。

1·建構模型

Unlearn.AI 的開發團隊利用臨床數據建模，並在數據庫中進行測試。其使用的數據庫源於「抵禦重大疾病協會」。這個數據庫中收集了數千名阿茲海默症患者的數據，涵蓋數十個相關變數。Unlearn.AI 的開發團隊透過檢測認知障礙的測試方法，如「老年痴呆」量表，對患者的精神狀態進行檢查。

2·生成虛擬患者

經過測試後，Unlearn.AI 的開發團隊能夠用模型生成虛擬患者及其認知測試分數、實驗室測試數據等。透過為真實患者建立虛擬患者模型，Unlearn.AI 的開發團隊能夠預測其患阿茲海默症的可能性。

Unlearn.AI 的一位開發人員表示，該系統可以實現阿茲海默症的精準預測，同時也可以用於預測其他退行性疾病。

AI 能夠提高疾病預測的準確性，實現疾病早發現早治療。企業將 AI 應用於疾病預測領域，能夠促進 AI 在醫療領域的深入發展，推動智慧醫療實現。

ChatGPT，AIGC 時代商業應用賦能：

技術底座、內容變革、產業格局、商業展望……從技術到應用，揭示 ChatGPT 在各行業的商業化之路

作　　者：施襄

發 行 人：黃振庭

出 版 者：崧燁文化事業有限公司

發 行 者：崧燁文化事業有限公司

E-mail：sonbookservice@gmail.com

粉 絲 頁：https://www.facebook.com/
　　　　　sonbookss/

網　　址：https://sonbook.net/

地　　址：台北市中正區重慶南路一段六十一號八
　　　　　樓 815 室

Rm. 815, 8F., No.61, Sec. 1, Chongqing S. Rd.,
Zhongzheng Dist., Taipei City 100, Taiwan

電　　話：(02)2370-3310

傳　　真：(02)2388-1990

印　　刷：京峯數位服務有限公司

律師顧問：廣華律師事務所 張珮琦律師

版權聲明

定　　價：375 元

發行日期：2024 年 05 月第一版

◎本書以 POD 印製

國家圖書館出版品預行編目資料

ChatGPT，AIGC 時代商業應用賦能：技術底座、內容變革、產業格局、商業展望……從技術到應用，揭示 ChatGPT 在各行業的商業化之路 / 施襄 著 . -- 第一版 . -- 臺北市：崧燁文化事業有限公司，2024.05
面；　公分
POD 版
ISBN 978-626-394-255-4(平裝)
1.CST: 人工智慧 2.CST: 機器學習
312.83　113005338

電子書購買

臉書

爽讀 APP